생태마을
Crystal Waters

천득염　나하영

기문당

머리말

근래에 들어와 우리들에게 생태라는 단어처럼 많이 회자되는 말은 없을 것이다. 친환경과 바이오는 이미 누구나 아는 오래된 의미가 되었고 저탄소, 녹색성장이라는 말도 이젠 어색하지 않게 되었다. 아토피와 호흡기질환 등 새집증후군이 생기는 원인을 찾고 이를 해결하기 위해 노력하는 사람도 많다.

인간은 현대적 문명의 이기를 버리고 원초적 삶, 생태지향적 생활로 돌아갈 수 있을까? 그럴 수 없다면 그 대안은 무언가?

인간다운 생태지향적인 삶을 추구해온 일부 서구인들은 이미 생태마을, permaculture의 원리를 적용하는 공동체를 이루며 살고 있다. 생태계의 안정과 토양, 물, 공기, 에너지, 기타 천연자원을 보존하기 위해 디자인된 시스템 안에서 다양한 삶이 추구되는 것이다.

본서에서 소개하는 Crystal Waters는 이러한 원리를 사용하여 계획된 세계최초의 생태마을이다. 우리나라에도 산청 안솔기 마을이 이런 개념에 입각하여 Crystal Waters와 유사한 모습으로 건립되었으나 총체적인 생태마을로서는 아직 부족한 편이다.

우리는 전남대 바이오 하우징 연구사업단의 지원으로 호주 현장답사와 체험을 통하여 이 마을을 소개하는 책자를 내 놓을 용기를 갖게 되었다. 본서의 많은 부분은 permaculture와 Crystal Waters 운영규정을 근거로 꾸민 것이다. 학문적 저술이라기 보다는 기존의 자료를 중심으로 현장답사내용을 첨가하여 편집한 것이다. 따라서 생태학적으로는 이론적인 한계가 있으리라 생각한다. 향후 다른 연구자들이 이를 보완할 기회가 생기기를 기대한다.
본서를 출간하는 데에는 나하영 선생의 노고가 컸음을 감사하게 생각한다. 또한 기문당 강해작 사장님의 출간 수락에 감사드린다.

이 책이 향후 우리의 일상적 삶이 깨끗한 물과 공기, 그리고 땅과 함께 할 수 있는 마을을 만드는 준거를 제공하고 소개하는 데 도움이 되었으면 하는 바람을 가져본다.

2009년 1월

용봉골에서 천득염

생 태 마 을

Crystal Waters

Contents

01

Crystal Waters의 개요

위치

Conondale, Queensland, Australia 브리즈번
(호주 퀸즐랜드 주의 수도인 브리즈번에서 북서쪽으로 약 100㎞ 정도의 거리)

설계자

Max Lindegger
Robert Tap
Barry Goodman
Geoff Young

설립년도

1985년

입주시작년도

1988년

총면적

259헥타르 (약 78만 평)
개인소유지 – 14% (83가구)
공유면적 – 6% (마을회관, 관리사무소, 야영장 등)
공동소유의 땅[1] – 80%

인구

250여 명 (어른 170여 명, 아이 80여 명)[2]

1) 공동소유의 땅은 각자 쓰고 싶을 때 신청하여 1년 단위로 사용한다. 현재 남는 땅은 이웃마을 사람들에게 방목지로 빌려주고 있으며, 소 한 마리당 일주일에 1달러씩을 받고 있다.

2) 2006년 3월 기준

기후

호주 Queensland의 남동쪽, Mary 계곡의 상류에 위치하고 있는 Crystal Waters는 1년 중 6개월이 아열대성 기후이고 나머지 6개월은 겨울에 해당한다.

봄(9월~11월)과 가을(4월~5월)은 온화한 날씨로 밤에는 쌀쌀하다.

우기에 해당하는 여름(12월~3월)은 비가 오며, 습하고 덥다. 최저 20℃, 최고 30℃로 일반적으로 더운 날씨이다.

겨울(6월~7월)은 일반적으로 온화한 날씨이다. 25℃ 안팎의 날씨지만 밤에는 서리가 내리고 섭씨 0℃ 아래로 기온이 떨어진다.

연강수량은 약 1,350mm로 1년 중 우기인 4개월 동안 내리는 비가 대부분이다. 그러나 최근 몇 년간은 유난히 건조한 상태가 계속되고 있다.

INDONESIA
EAST TIMOR
Arafura Sea
PAPUA NEW GUINEA
Timor Sea
Darwin
Gulf of Carpentaria
INDIAN OCEAN
Coral Sea
Cairns
Townsville
Mackay
Alice Springs
Crystal Waters
Lake Eyre
Brisbane
Perth
Fremantle
Newcastle
Adelaide
Sydney
CANBERRA
Great Australian Bight
Melbourne
Mount Kosciuszko
INDIAN OCEAN
Tasman Sea
Launceston
Tasmania
Hobart
0 300 600 km
0 300 600 mi
Lord Howe Island and Macquarie Island not shown

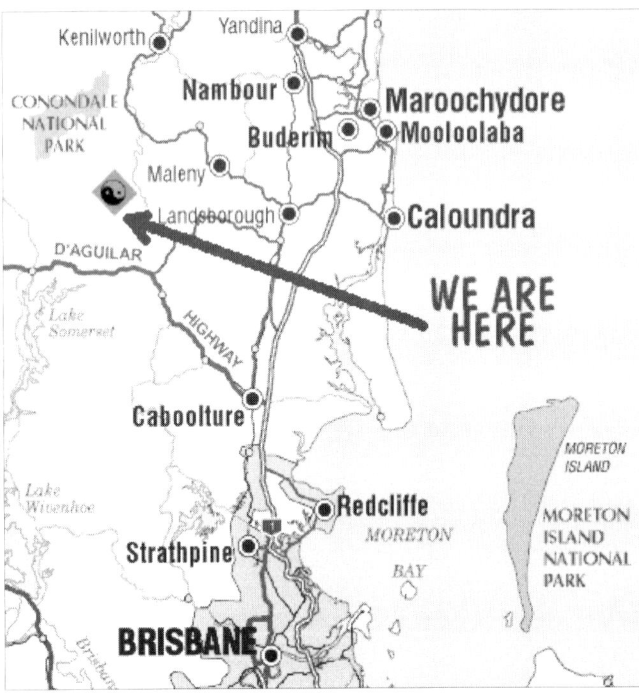
Kenilworth
Yandina
Nambour
Maroochydore
CONONDALE NATIONAL PARK
Buderim
Mooloolaba
Maleny
Landsborough
Caloundra
D'AGUILAR
HIGHWAY
WE ARE HERE
Lake Somerset
Caboolture
MORETON ISLAND
Lake Wivenhoe
Redcliffe
MORETON
BAY
MORETON ISLAND NATIONAL PARK
Strathpine
BRISBANE

02

Crystal Waters의 이념

Crystal Waters는 깨끗한 공기와 물, 그리고 땅에 대해 사람들이 책임을 져야 한다는 논리로부터 출발하였다. Crystal Waters를 설계한 Max Lindegger는

Max Lindegger

"현대 문명국가의 시스템이 모든 것을 한 군데로 집어넣어 한 군데로 뽑아내는 일직선형이라면 Crystal Waters는 인간과 자연이 자연생태계에서 끊임없이 순환하도록 하는 Permaculture 원리로 지어졌다."

라고 말한다. 즉 Crystal Waters는 permaculture의 원리를 사용하여 디자인된 세계 최초의 생태마을이다.

Permaculture

기원

퍼머컬처의 기원은 생태학자 Bill Mollison으로부터 시작된다. 빌 모리슨은 1928년 오스트레일리아 타즈메니아의 가난한 집안에서 태어나 청년기까지 그곳에서 여러 직업을 전전하며 자연과 함께 살았다. 이후 호주 정부의 CSIRO(Common wealth Scientific and Industrial Research Organization)에 고용되어 그 지역의 생태계를 관찰하는 일을 하였으며 뒤늦게 생물학을 전공하여 기존의 정치·경제체제가 자연을 파괴하는 것임을 깨닫게 된다. 그러던 중 그는 1968년부터 타즈메니아대학에서 학생들을 가르치기 시작하였고, 1974년에는 동료 David Holmgren을 만나 지속가능한 농업을 위한 체계를 연구하기 시작하였다. 이때 비로소 퍼머컬처라는 용어가 만들어졌으며, 1978년에는 마침내 그들의 노력이 「Permaculture」라는 책으로 출판되기에 이르렀다.

이 책이 출판된 이후 학계와 일반의 반응은 서로 상반되었는데, 건축에서부터 농업과 임업, 동물학까지 아우르는 이러한 작업에 대하여 당시의 주류 학계에서는 자신들만의 전문적인 영역을 침범했다는 생각에 배타적인 입장을 취하였다. 반면 지속가능한 대안을 찾고자 했던 사람들은 기존의 주류 과학으로부터 기대할 것이 없었기 때문에 현실적으로 적용할 수 있는 이 새로운 체계를 환영하게 된다.

1970년대 퍼머컬처가 만들어진 초기에는 지속가능한 농업을 위한 시스템으로부터 구상되었기 때문에 농학, 임학, 동물학이 기본 뼈대를 이루었고 더불어 자연과 공생하는 인간정주의 문제를 해결하기 위한 건축도 포함되었다. 하지만 자족적으로 존재하는 잘 계획된 농장 역시 지속가능하지 않다는 것을 알게 된 이후 퍼머컬처는 단순한 자연자원을 이용한 디자인 개념을 넘어서 경제체제와 생활방식, 나아가 사회관계를 디자인하는 데까지 이르게 된다. 이후 빌 모리슨은 수많은 학생들과 일반인들에게 퍼머컬처를 전파하였으며, 이를 통해 1981년에는 대안적인 노벨상이라고 불리는 'Right Livelihood Award'를 수상하게 된다. 이후 퍼머컬처는 전 세계적으로 대안적인 사회와 생태적인 생활방식을 추구하는 사람들에게 알려져 오세아니아를 넘어 유럽과 미주에서도 많은 사람들이 관심을 가지고 이를 실현하기 위해 노력하고 있다.[3)]

개념

퍼머컬처는 지속가능한 주거환경을 창조하기 위한 디자인 계획과 설계이다.

3) http://blog.naver.com/linonme

퍼머컬처라는 용어 자체는 크게 두 가지로 풀이된다. 첫 번째는 '영구적(permanent)'이라는 말과 '농업(agriculture)'이라는 말의 합성어로, 자연환경과 에너지의 흐름을 적절히 이용하여 생명을 영위해 나가는데 필수적인 식량생산 전반을 보다 체계적으로 관리하여 합리적인 농업환경을 만드는 것을 뜻한다.

두 번째는 '영구적(permanent)'이라는 말과 '문화(culture)'라는 말의 합성어로, 인간의 공동체 생활 전반을 뜻한다. 즉 기본적인 식량생산을 포함하여 인간이 문명을 이루면서 만들어나가는 문화, 윤리, 경제활동, 공동체 생활 전반을 합리적으로 이끌어 나갈 수 있는 문화환경의 토대를 만드는 것이다.

좁은 의미의 퍼머컬처	넓은 의미의 퍼머컬처
영속적인 농업 permanent agriculture	영속적인 문화 permanent culture
자연환경과 에너지의 흐름을 적절히 이용하여 합리적인 농업환경을 만드는 것	인간생활의 전반을 합리적으로 이끌어갈 수 있는 문화환경의 토대는 만드는 것

"퍼머컬처는 아파트 베란다에서 농장까지, 거대한 도시에서부터 야생초지까지 광범위하게 응용할 수 있는 실제적인 개념이다. 퍼머컬처는 음식과 에너지, 집 등 우리에게 필요한 것을 제공하는 생산적인 환경을 만들 수 있을 뿐만 아니라, 우리가 지탱하고 있는 사회·경제적 기반을 만들 수도 있다. 퍼머컬처는 우리의 자연환경과 자원을 통해 어떻게 우리의 필요를 합리적으로 충족시킬 것인가를 깊게 생각하는 것으로부터 출발한다. 이를 통해 현재 우리 세대뿐만이 아니라 미래세대까지 지속가능한 시스템을 만드는 것이라 할 수 있다."

– Permaculture International Journal

퍼머컬쳐는 먹을거리 생산, 도시 재생, 물과 에너지 오염 등의 문제에 근본적인 대응 방법을 제안한다. 풍부하고 지속가능한 생활방식을 창조하면서 생태계, 조경, 유기원예, 건축, 농업 등을 하나로 통합한다. 적은 에너지를 투입하여 높은 산출을 얻고, 다양성과 안정성이 큰 자원을 얻기 위하여 적정기술을 이용한다. 이 디자인 원리는 도시나 농촌의 주민 모두 공히 적용할 수 있다.

– Bill Mollison

"과거의 가치에 기본을 두고서 출발한 새로운 방법인 퍼머컬처는 확고부동한 가치체계는 아니지만, 어느 정도 고정된 가치체계를 가지고 있다. 퍼머컬처는 한 사람만의 방법이 아니라 다양한 방법으로 진행된다. 퍼머컬처는 지역에 국한된 것이 아니라 전 세계적인 것이다. 퍼머컬처는 정체되어 있는 것이 아니라 가치체계 안에서 성장해 나가는 것이다. 퍼머컬처는 자연으로 돌아가는 것이 아니라 자연적인 방법을 이용하는 것이다. 퍼머컬처는 유기농법을 포함하고 있지만 유기농법만이 전부는 아니다. 퍼머컬처는 자연적으로 발생한 것이 아니라 계획된 것이다."

– Barry Goodman

목적

생태적으로 건강하고, 경제적으로는 유용한 시스템을 창조하는 것으로서 이러한 시스템은 우리에게 필요한 것을 제공해주지만 자연을 개발하거나 오염시키지 않으며 장기적으로는 지속가능하게 한다. 따라서 퍼머컬처는 경관의 자연적 특성을 이용하여 동물과 식물이 본래 가지고 있는 가치를 사용하는 것이고 도시와 농촌지역을 대상으로 하는 가장 작은 실천단위로서 생명부양체계를 만드는 것이다.[4]

4) Bill Mollison, Introduction to Permaculture, Tagari Publication, 1991, p.1

윤리

퍼머컬처 윤리는 생존과 관련된 도덕적 신념이나 행동을 의미하는데, 다음과 같은 3가지 윤리관을 포용하고 있다.

- 지구를 보살피라.
- 사람을 보살피라.
- 여분의 시간, 돈, 물질을 이 목적을 위해 사용하라.

'지구를 보살피라'고 하는 것은 지구상의 모든 생물과 무생물을 돌보라는 것이다. 따라서 '지구를 보살피라'고 하는 것은 우리가 필요로 하는 식량, 거주지, 교육, 안정적 고용, 우호적인 인간관계를 포괄하는 것으로 결국 인간을 보살피는 것이 된다. 또한 세 번째 윤리인 '여분의 시간, 돈, 물질을 지구와 인간을 위해 사용하라'는 것은 우리가 우리의 기본적인 욕구를 충족시킬 수 있고 우리의 능력만큼 우리의 시스템을 설계했다면 이 목적을 위해 우리의 에너지와 역량을 써야 한다는 것이다.[5]

구성원리

퍼머컬처의 원리는 총 10가지 항목으로 구성되어 있다. 이들 각 항목은 퍼머컬처 디자이너가 기본적으로 숙지해야 할 전제들로써 각각 생태계의 이치를 반영하고 있다.[6]

원리	기본 방향
가장자리 효과	• 두 개의 시스템이 겹치는 가장자리는 다양성이 증대한다. • 가장 큰 효과를 위해 자연적인 패턴과 가장자리를 이용해야 한다.
다양한 구성요소에 준하는 주요기능[7]	• 디자인을 하기 위한 각각의 요소는 적어도 두 가지 이상의 기능을 가져야 한다.
다양한 기능을 가지는 구성요소[8]	• 모든 기초적인 기능들은 많은 요소에 의해 제공되어야 한다. • 한 가지 이상의 방법의 필요를 만족해야 한다.
상대적인 위치	• 모든 요소들이 각각에 이익이 되기 위해 다른 요소와 관계적으로 놓여야 한다. • 투입과 배출이 동일한 연결적인 전략을 세워야 한다.
생물자원 사용	• 일을 시작할 때 자연적이고 물리적인 자원을 최대한 이용하고 에너지를 절약해야 한다.
생물종의 다양성	• 식용 식물과 동물종이 다양하게 이익이 되도록 하는 통합을 목표로 한다. • 자연적인 시스템에 응답하기 위해 다양한 문화시스템이 상호작용하며 안정되게 만들어야 한다.

5) Bill Mollison, Introduction to Permaculture, Tagari Publication, 1991, pp.3~4

6) 임경수, 퍼머컬처 가이드북, E-jang, 2003, pp.53~55

원리	기본 방향
소규모의 집약적 시스템	• 작고 집중적인 시스템을 창출해야 한다. • 간단하고, 적당하고, 효과적인 기술을 선택해야 한다. • 스태킹을 통한 공간과 시간을 최대한 이용해야 한다.
에너지 재순환	• 자원과 쓰레기, 오염 창출을 최소화하고 시스템 안에서 에너지와 영양소의 흐름을 유지해야 한다.
자연적인 천이	• 자연과 함께 일하는 대상지와 토양을 강화하기 위해 자연적인 시스템의 도움을 받아야 하고, 디자인 안에서 자연을 닮아가야 한다.
효율적인 에너지 계획	• 내부적, 외부적 에너지를 효율적으로 사용하고 큰 이익을 남기기 위해 구역을 설정한다. • 중력, 경사, 높이를 이용해야 한다.

7) Every Element Should Serve Many Functions

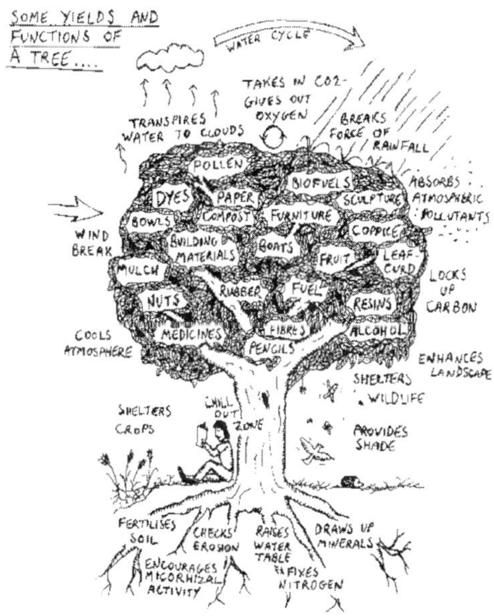

만약 우리가 가지치기나 컴퓨터 수리, 요리, 인쇄기 조작법, 배수관 수선, 그림 그리기, 트랙터 운전, 워드프로세서 사용법, 풍력발전기 설치법, 마사지 하는 법, 저글링, 사진공방 운영, 퇴비 상자 만들기 등의 기술을 익힌다면 여러 가지 상황에서 보다 나은 생활을 할 수 있을 뿐 아니라 타인에게 무엇을 제공할 수 있는가? 라는 점에서 보다 가치 있게 된다.

8) Every Function Should Be Supported By Many Elements

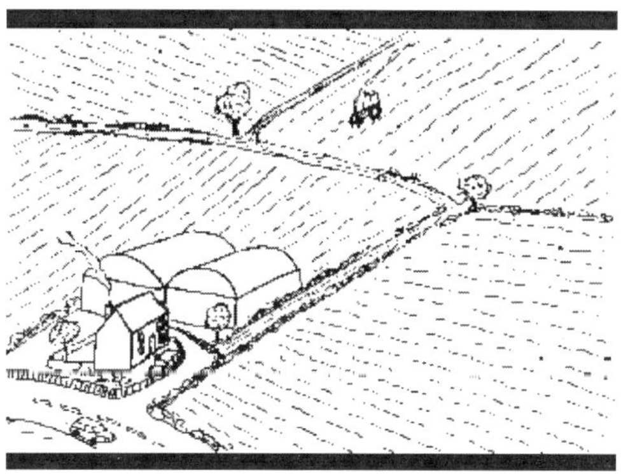

가능한 한 다양하고 폭넓은 종류의 먹을 수 있는 식물을 기른다면(복합영농) 그 중에 수확할 수 없는 것이 있다하더라도 굶주리지는 않는다. 즉 어떠한 것도 불가결한 것이어서는 안 된다는 것이다. 그 손실이나 실패가 참사로 이어질 수 있기 때문이다. 일상생활로 보자면 할 수 있는 한 폭넓은 기능을 몸에 익히는 것의 의미와 비슷하다. 직장생활에서 높은 급료를 받지만 한 가지에만 전문적인 사람은 적은 금액이라도 여러 가지 일자리에서 수입을 얻는 사람보다 많은 일에 능숙하게 대처할 수는 없을 것이다.

The Permaculture Flower [9)]

Starting with ethics and principles focused in the critical domain of land and nature stewardship, permaculture is evolving by progressive application of principles to the integration of all seven domains necessary to sustain humanity through energy descent.

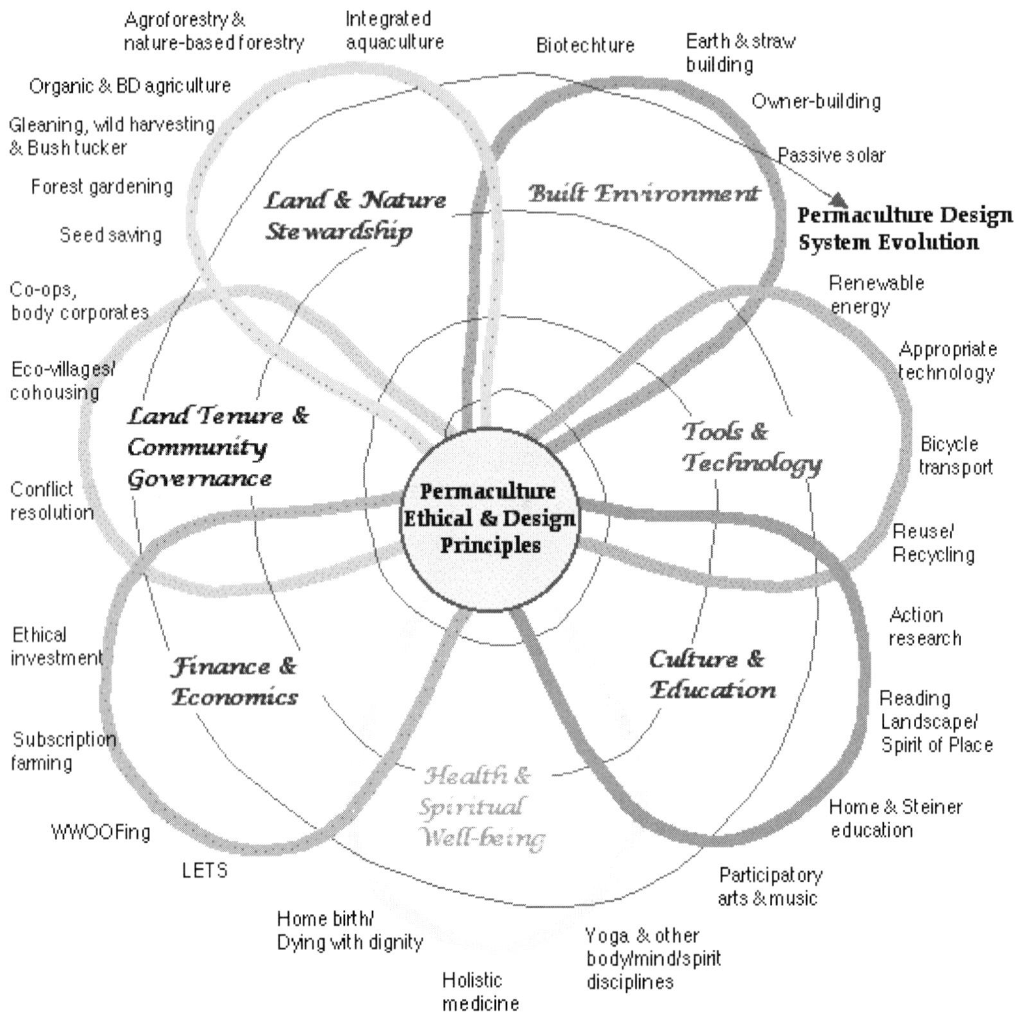

Figure 1 Introduction, Permaculture: Principles & Pathways Beyond Sustainability 2002

9) David Holmgren, Essence of Permaculture, Holmgren Design Services, 2004

03

Crystal Waters의 전개

3.1 계획착수 이전

계획 이전의 상황

1985년 이전의 Crystal Waters는 전형적인 시골 마을로 전통산업(임업과 낙농)의 쇠퇴와 인구의 도시이동으로 인해 인구감소와 실업난이 대두되었다. 또한 640에이커(259헥타르)의 나무가 벌채되면서 대지가 황폐화되었고, 더불어 식품생산과 가계소득이 현저히 낮아졌다. 즉 당시의 Crystal Waters는 상업에서부터 교육에 이르기까지 모든 서비스가 형편 없었으며 이러한 환경이 불리해짐에 따라 경제 또한 쇠퇴되었던 것이다. 이에 1985년, Crystal Waters의 초창기 거주자이자 당시 남아 있던 7명의 거주자들은 Permaculture Services Pty Ltd[10]에 농업적 잠재 가능성과 환경친화적인 대지의 성장가능성을 동시에 고려한 토지 계획 및 수립을 요청하였다.

10) 현재는 Eco-Logical Solutions Ltd임

정보수집과 계획의 우선순위 결정

Permaculture Services Pty Ltd는 당시 남아 있던 7명의 거주자에게 보다 안정적인 직업을 제공하고 이 지역으로 보다 많은 사람들을 끌어들이기 위해 생태지역이라는 장점에 초점을 맞춰야 했을 뿐만 아니라 이를 이용한 지속가능한 수단들을 동원하여야만 했다. 따라서 디자이너는 당시 남아 있던 7명의 거주자들에게 꿈과 기대를 정의하도록 하였고 이를 근거로 계획의 우선순위를 신중하게 논의하여 초기 안을 작성하였으며 이후 이 초기 안을 지방정부의 관계당국에 제출하였다.

목적, 전략의 공식화

계획을 위한 정보수집과 우선순위에 대한 논의 후, 재정담당자와의 협의를 통해 마을 디자인을 위한 6개의 기본 목적을 도출하였다.

1. 깨끗한 공기, 물, 토양
2. 정신적 믿음의 자유
3. 모두를 위한 의미 있는 활동
4. 건전한 놀이와 안전한 레크리에이션을 위한 장소 제공
5. 활발한 사회적 상호작용
6. 쾌적한 주거

이러한 기본 목적은 모든 디자인 과정에서 포괄적인 요구를 결정하게 하는 중요한 요인이 되었다. 이를 통해 최종적으로 완성된 디자인 안은 각 지방정부의 관계당국에 보내졌으며 비교적 짧은 시간 안에 전원 찬성의 결과를 도출하였다. 이 시기, 계획단계 초반에 2명으로 시작한 디자이너는 2명이 더 추가되어 4명이 되었으며 이들은 매주 회의를 통해 문제를 손쉽게 해결하고자 하였다.

3.2 계획의 실현

경제적이고 지속가능한 계획을 위한 기본사항 수립

경제적이고 지속가능한 계획을 위해 수립한 기본사항은 다음과 같다.

1. 쾌적한 환경을 제공하는 피난처
2. 기본적인 인간의 요구(깨끗한 공기, 물, 음식, 일, 사회활동, 정신적 자유, 레크리에이션, 피난처)는 인위적으로 분리된 것이 아니라 상호 연관되어 있음
3. 폐수(Wastewater)는 이 지역 내에서 해결
4. 우수는 대지 내에서 집수
5. 에너지 절약
6. 재료의 신중한 선택
7. 사회적 상호작용을 위해 주택을 군집하여 배치

토지의 구분

4명의 디자이너는 토지의 가치를 평가한 후 주거지역, 상업지역, 공유지역을 결정하였다.

주거지역	약 250~300명의 사람을 수용할 수 있으며, 83개의 주거지역을 확보하도록 계획함.
상업지역	2개의 상업지역 중 하나는 단기 방문자의 숙박(방문자 캠핑 지역)지역, 다른 하나는 상업적인 마을센터로 계획함.
공유지역	여러 대지 중 특별히 공유지역으로서의 가치가 있는 대지는 즉시 공유지로 지정되었으며, 최상의 농지 또한 공유지로 지정됨.

토지의 분양

1980년 Queensland Building Units와 Group Titles Act의 관리하에 토지분양계획이 실시되었으며, 토지의 균형이 유지되는 범위[11] 내에서 사람들에게 토지를 구입하도록 허가하였다.

계획의 실현

1986년 4월, Landsborough Shire Council에 의해 이들의 계획이 인정되면서 크리스털 워터스 퍼머컬쳐 마을의 존재 가능성은 유지될 수 있었다. 이에 필요한 자금을 공급받기 위해 미래의 거주자가 자금을 지원하였고, 그 후 1년 이내에 모든 구역의 예약이 끝나고 건설이 완공되었으며 최초의 거주자가 정착하였다.

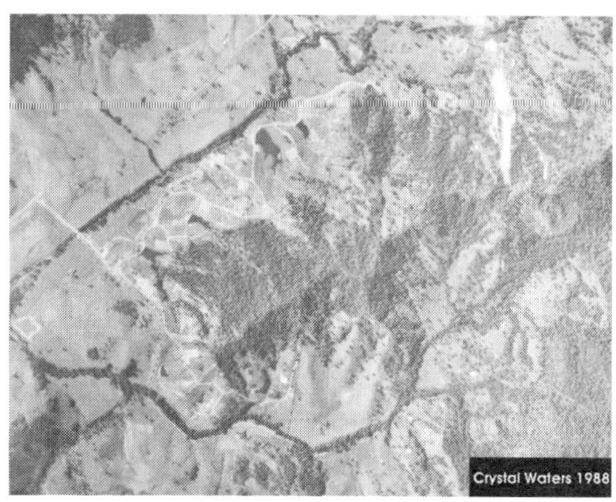

11) 총 대지면적의 80% 정도

3.3 계획의 결과

주거지역의 군집화

마을 안의 주거들은 이웃 간의 상호교류와 소통을 위해 83개 주거지역이 격리되지 않고 군집된 형태로 배치되었다.

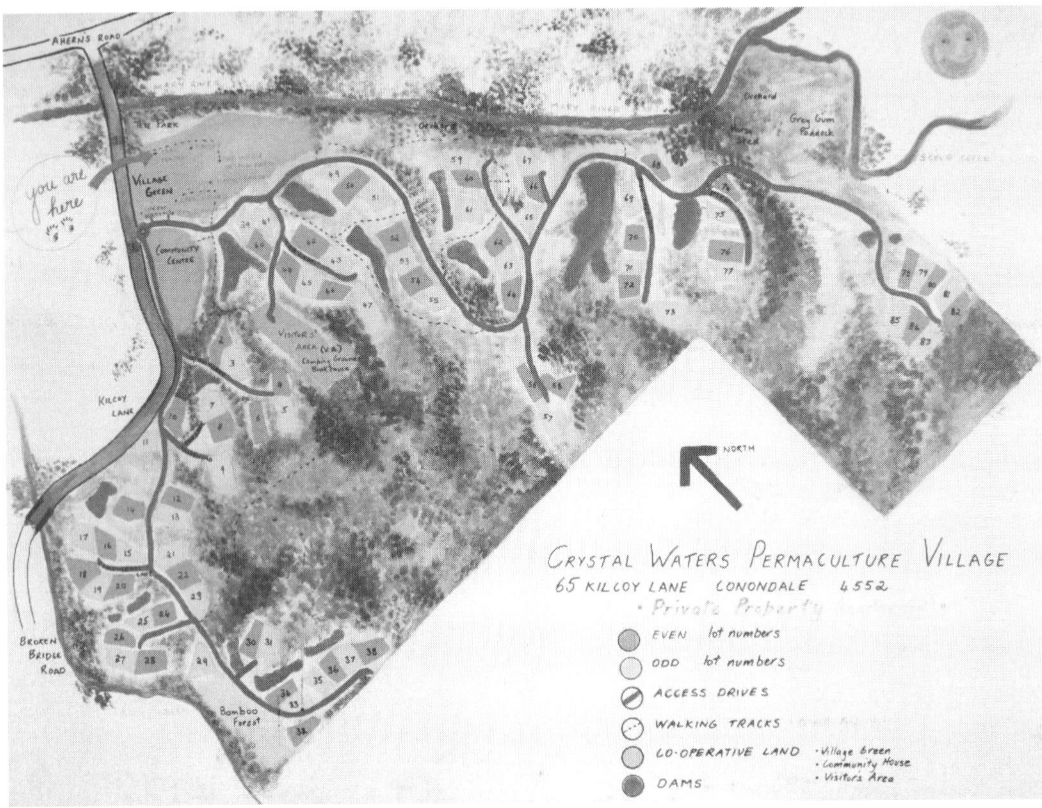

사회적인 활동을 활발하게 해주는 장소 제공

Community Center와 마을 입구의 Kitchen에서 지역구성원들 간의 정보가 교환된다.

Community Center	편지 관리, 재활용 물품 보관
Kitchen	마을 정기모임이 이루어짐

생태학적인 건물 계획

대부분의 거주자는 각자의 집을 가능한 한 친환경적으로 지속가능하게 건축하고자 노력하였다.

- 열대우림의 목재는 피하고, 이 지역에서 생산된 목재 혹은 재활용 목재를 사용
- 가스를 방출하는 플라스틱, 혼합목재 등 유해물질을 발생할 가능성이 있는 재료의 사용을 피함.
- 대지계획 및 주거건물의 디자인은 태양열 이용의 가능성을 극대화하도록 함.

Green 기술의 개발

Crystal Waters의 중수처리기술은 베트남과 뉴질랜드까지 전해졌고, 1996년 'World Habitat Award'에서 그 업적을 인정받아 수상한 바 있다. 즉 Crystal Waters는 Green 기술과 관련된 훌륭한 장소라고 할 수 있다.

깨끗한 수질

Crystal Waters의 댐과 인근 작은 내의 수질은 우수할 뿐만 아니라 개발 단계부터 현재에 이르기까지 기준치 이하로 내려간 적이 한 번도 없다.

Crystal Waters의 계획 Process

- 도시로의 인구이동 대지의 황폐화
- → 경제, 교육 쇠퇴 생활환경 분리해짐
- → 생태지역의 장점에 초점을 맞춘 개발 필요성 인식
- → 남아있는 거주자 7명에게 꿈과 기대를 정의하게 함
- → 계획의 우선순위 논의
- → 디자인 초기안 작성
- → 지방정부의 관계당국에 제출
- → 디자인 기본 목적을 협의
- → 최종 디자인 안을 지방정부에 보냄
- → 수많은 토론 후 전원 찬성의 결과 도출
- → 초반 2명의 디자이너 + 2명의 디자이너
- → 매주 회의
- → 경제적이고 지속가능한 계획을 위한 기본사항 수립
- → 대지 구분
- → 토지 분양 계획 실시
- → 86년 4월 Landsborough Shire Council에 의해 인정
- → 미래의 거주자가 자금을 지원
- → 그 후 1년 안에 계획 실현됨
- → 지속적인 피드백 활동
  정착인과 월간 뉴스레터와의 정기적 회의
  "Crystal Waters Conceptual Report", "Crystal Waters Owner's Manual" 출판

04

Crystal Waters의 계획

4.1 대지 계획

크리스털 워터스를 디자인함에 있어 첫 번째 단계는 총체적인 대지에 대한 전략적인 계획을 수립하는 것이었다. 지형학, 식생의 유형과 분포, 수로, 토양의 유형, 주된 바람 등을 포함하는 대지의 질과 특성이 연구되었고 지도 전체가 만들어졌다.

그 후 농업, 도로, 공익사업체, 주거할당지역 및 마을의 중심지역, 작업 및 레크리에이션 활동과 같은 특별한 사용에 대해 적당하게 지역을 구분하였다.

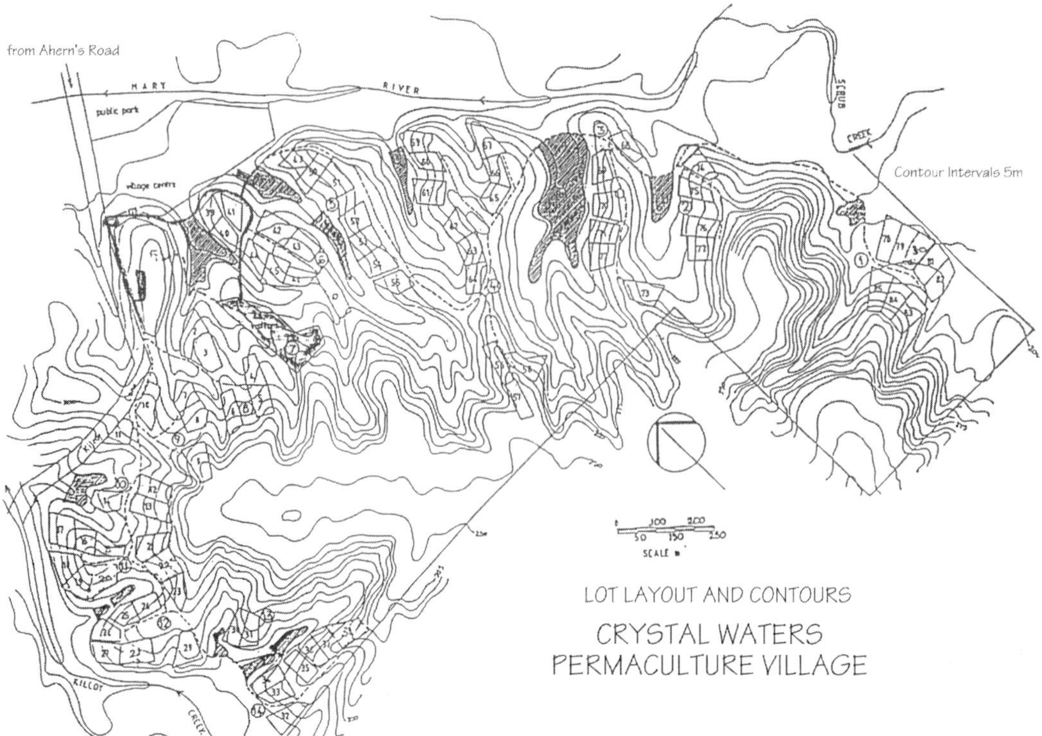

이러한 대지의 분할 후 도로를 포장하였다. 도로에는 나무를 심어 소음공해를 줄이고, 평화로운 산등성이를 보여줄 수 있도록 조성하였다. 홍수를 막기 위한 배수의 목적으로 약간 기울어진 도로를 계획하였고, 주위에 불이 날 경우를 대비해 소방장치를 설치하였다.

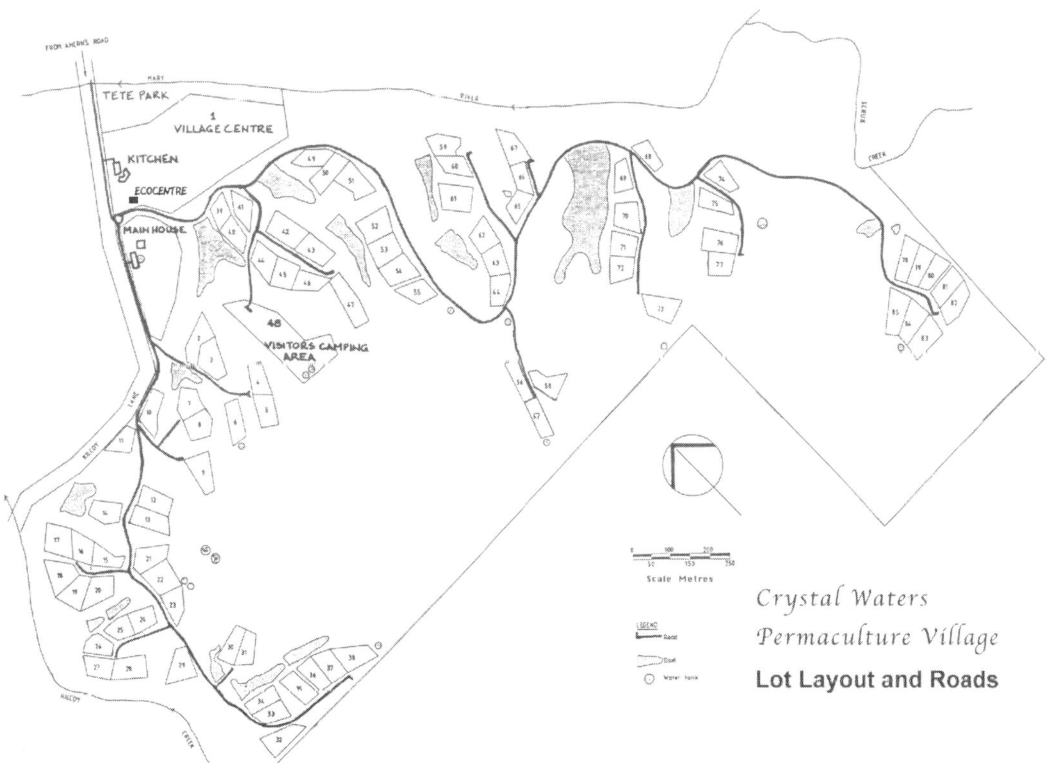

Crystal Waters
Permaculture Village
Lot Layout and Roads

크리스털 워터스의 대지 전체 크기는 259헥타르(640에이커)이며 마을의 끝과 끝 사이의 길이는 4.5km이다. 총 면적의 14%는 83개의 자유 보유권 주거지로 구획하고, 방문자를 위한 지역은 6%, 80%는 최상의 대지로 공동으로 소유하고 있다.

Crystal Waters Eco-Village Land Use

■ 대지 계획시 고려사항

- 전반적으로 북향이 아닌 곳, 경사가 너무 가파른 곳, 인간의 쓰레기를 안전하게 정화할 수 없는 대지는 주거지역으로 부적절하다.
- 주거지역(자유 보유권 주거지)은 이웃과의 상호작용을 위해 군집해야 하지만 사생활은 보장되어야 한다.
- 다수의 댐들은 수영, 카누, 낚시와 같은 휴양을 즐길 수 있도록 건설하며, 물은 관수 공급과 소방을 위해 내부 관수 시스템 가득히 채우도록 한다.
- 댐은 야생 생물과 물새의 서식지를 제공하며, 온도의 극심한 변화폭을 줄여주고 뛰어난 외관을 제공하도록 한다.
- 디자이너는 거주자가 태양에너지만을 사용하도록 하는 대신에 일반 전기 케이블보다 작은 규모의 것을 설치하여 거주자들이 제한해가면서 사용할 수 있는 주전력을 완비하였다.

4.2 주거지 계획

자유 보유권 주거지는 세심히 고려한 후 군집을 이루도록 배정하였으며, 주거지역의 위치와 형상을 결정하기 위해 다음과 같은 사항이 고려되었다.

■ 주거지

- 자유 보유권 주거지는 최대 12가구까지만 군집을 형성하도록 계획하였다.
  - 이는 '가장자리'를 형성하기 위해서이다.
  - 사회적 응집력을 높이기 위해서이다.
  - 산맥의 윤곽과 '가장자리'의 경계를 위한 지리학적인 이유 때문이다.
  - 서비스 공급을 실행할 수 있는 능력을 고려한 경제적인 이유 때문이다.
  - 완충지대와 야생동물 밀집지역을 조성하기 위해서이다.
- 주거지역의 최소 폭은 30m이다.
- 접근과 사용의 편리를 위해 개인할당 주거지역의 30% 이상은 험한 경사지 위에 있지 않도록 한다.
- 겨울철 태양광의 극대화를 위해 각 주택의 대지는 북동에서 북서를 향하도록 자리잡아야 한다.[12]
- 댐 가장자리의 20m 이내 또는 자연하수의 중심선 25m 이내는 주거지역의 경계로 정하면 안 된다.
  - 모든 댐에 통상적인 접근을 허용하기 위해서이다.

12) 호주는 적도의 남쪽에 있기 때문에 좋은 일조를 위해서는 북동에서 북서까지의 지역이 적절한 위치이다.

- 쓸모없는 늪지대가 거주지에 포함되는 것을 방지하기 위해서이다.
- 거주지에서 발생하는 우발적인 유출이 댐으로 흘러들어가는 것에 대한 완충지대를 주기 위해서이다.

• 거주자의 사생활 보호는 매우 중요한 고려사항이다.
  - 주거지역의 결합은 최대 3채로 제한한다.
  - 그룹 간에는 최소 5m 이상의 통로를 둔다.
  - 가능한 소수의 주택이 무리를 이룰 수 있도록 위치를 선정하여 서로가 멀리서 바라볼 수 있게 하며 산맥의 북향을 향하도록 배치한다.

• 대부분의 주거지는 계획된 댐을 바라볼 수 있도록 배치한다.

• 모든 주거지역은 물이 흐를 수 있도록 완만한 경사를 이룬다.

• 모든 주거지역은 공유지의 인근에 위치한다.

• 공공도로 위에는 주거지역을 두지 않아야 한다.

• 비가 오나 눈이 오나 모든 주거지역은 언제나 진입이 가능하도록 한다.

• 진입로의 반대편에 주거지역이 위치하도록 하며, 건물 전면과 도로 사이의 공터는 최소 20m로 한다.

4.3 지속가능한 건물 디자인 및 계획

크리스털 워터스의 공간배치 특징 중 하나는 자연의 힘을 자연스럽게 활용하는 것을 원칙으로 한다는 점이다. 이는 '퍼머컬처 원리'에 따른 것이다. 퍼머컬처 디자인은 자연과 주거환경에 관계되는 모든 요인들, 예를 들어 집과 정원, 호수, 도로, 상하수도, 쓰레기 처리, 작물재배, 에너지 공급과 같은 주변요인들을 철저한 계획 하에 배치한다. 퍼머컬처가 자연과 더불어 인간이 어우러져 사는 원칙이라면 디자인은 이러한 원칙의 실천인 것이다.

이곳의 건축물들은 자연에너지를 최대한 이용하고 있으며 나아가 보다 지속가능할 수 있는 노력들을 하고 있다. 주택의 디자인에 있어서 일반적으로 풍토와 환경요인을 고려했으며 태양열 온수시스템이 사용되었고 어떤 집은 전기 생산을 위해 태양광 전지를 사용하였다. 또한 Composite Toilet[13]은 대부분의 집에 설치되었고, 문과 창의 재료는 재활용하여 사용되었다.

13) 퇴비화장실, 복합요소화장실

건축 재료

건축 재료는 목재, 짚, 대나무, 다진 흙, 진흙벽돌, 압축된 흙벽돌 등을 사용하였다. 크리스털 워터스의 집들은 대부분 흙집이다. 흙의 장점은 단열, 보온의 효과가 있다는 것이다. 별도의 단열재를 넣을 필요 없이 흙지붕을 올려 냉난방의 효과를 보고 있다. 유리창을 통해 유입된 열이 흙바닥의 온도를 상승시켰다가 야간에 서서히 식으면서 보온효과를 내기 때문에 특별한 난방장치가 필요하지 않다. 나머지 건물의 재료도 대부분 흙벽돌이거나 목재이다. 이것은 집이 숨을 쉴 수 있도록 하기 위한 고려이자 배려이다. 이들은 집을 사람의 피부와 옷의 연장인 제3의 피부로 생각한다.

또한 크리스털 워터스의 집들은 가능하면 재활용할 수 있는 재료를 사용하고 있으며, 일부는 50~100년 전에 지어진 이른바 '퀸즐랜드식 전통가옥'이라는 목재로 된 집을 통째로 사서 운반한 뒤 몇 개의 시멘트 기둥 위에 얹어 다시 쓰는 경우도 있다.

■ 주민의 건강을 고려한 재료의 선택

No.	Building material	A	B	C	D	E	F	G	H	I	J	K	L	M	N	O	P	Score
1	wood (Solid wood)	3	3	3	3	3	3	3	3	3	3	3	3	3	3	3	3	3.0
2	cork	3	3	3	3	3	3	3	3	3	3	3	3	3	3	3	3	3.0
3	chipboard	1	1	2	2	3	3	3	3	–	1	2	3	2	0	1	–	1.9
4	hardboard	1	2	3	2	3	3	3	2	–	1	2	3	2	2	2	–	2.2
5	plywood / veneer	2	2	3	2	3	3	3	3	3	1	2	3	2	1	2	–	2.2
6	wood wool boards(with magnesite)	2	2	3	2	3	3	3	3	3	3	3	3	3	3	2	–	2.7
7	soft fiber boards	2	2	3	2	3	3	3	3	3	3	3	3	3	3	2	–	2.7
8	coconut fiber product	3	2	3	2	3	3	3	3	3	3	3	3	3	3	3	–	2.8
9	mineral wool / slag wool	0	0	0	0	0	2	3	3	–	0	0	3	–	–	0	–	0.9
10	glass wool	0	0	0	0	3	1	3	3	–	0	0	3	–	0	0	0	0.9
11	foam material (polystyrene)	0	0	0	0	3	0	3	3	0	1	0	3	0	0	0	0	0.8
12	PVC – products (hard)	0	0	0	0	3	0	1	2	0	0	0	3	0	0	0	–	0.6
13	synthetic resin glue	0	0	0	0	3	0	–	–	–	0	0	3	0	0	0	–	0.5
14	synthetic resin enamel	0	0	0	0	3	0	–	–	–	0	0	–	0	0	0	–	0.3
15	Impregnated coatings	0	0	0	1	3	3	–	–	–	3	3	–	–	0	0	–	1.3
16	Beeswax products	3	3	3	3	3	3	–	–	–	3	3	–	3	3	3	–	3.0
17	Asphalt–bitumens felt	1	0	1	1	3	3	–	–	0	0	0	–	0	0	–	–	0.8
18	Vapour barrier (foils)	0	0	0	0	3	0	–	–	0	0	0	–	0	0	0	–	0.3
19	Brick products	2	3	3	2	2	3	2	3	3	2	1	3	2	3	3	–	2.5
20	Clay	3	3	3	3	3	3	3	3	3	3	3	2	3	3	3	–	3.0
21	Ceramic products (unglazed)	2	2	2	2	2	3	1	2	–	1	0	3	–	3	3	–	2.0
22	Concrete (reinforced)	0	0	0	0	1	1	0	1	0	0	0	0	0	3	0	0	0.4
23	Pumice blocks	1	0	1	2	0	2	2	2	–	2	1	0	–	3	0	0	1.1
24	Gypsum (chemical)	0	0	0	1	0	–	1	2	0	2	2	3	–	3	1	0	1.1
25	Cement mortar (slag cement)	1	0	2	1	0	3	1	2	–	1	2	0	1	3	1	–	1.3
26	Lime mortar	2	2	3	2	3	3	1	2	–	2	3	2	2	3	2	–	2.3
27	Lime sandstone	1	2	3	2	2	3	2	2	–	1	2	1	–	3	2	–	2.0
28	Synthetic resin plaster	0	0	0	1	–	0	1	2	–	0	0	3	0	0	0	–	0.5
29	Linoleum	1	2	3	2	3	3	2	2	3	2	2	3	3	3	3	–	2.3
30	Glass	0	1	1	0	3	0	0	0	–	0	0	3	0	3	3	–	1.0
31	Asbestos boards/slabs	1	0	0	1	1	–	2	2	0	1	2	3	–	3	1	0	1.2

A : 자연적으로 생산된 재료
B : 적용 가능성
C : 환경문제
D : 에너지 사용
E : 방사능
F : 전기적인 반응
G : 열의 특성
H : 방음 특성

I : 투수성
J : 확산 / 호흡
K : 흡습성
L : 습기함유량 / 건조시간
M : 흡수 / 재생
N : 유독가스
O : 냄새
P : 피부저항

0 : 단점 많이 있음 (매우 반대)
1 : 단점 조금 있음 (반대)
2 : 단점 거의 없음 (권장)
3 : 단점 없음 (매우 권장)

태양에너지의 이용

이곳의 에너지 소비 중 약 95%는 태양에너지이다. 그러나 디자이너는 모든 거주자가 광전지 전력 시스템 하나에만 의존하기보다는 주전력 배관망을 계곡에 위치시켜 이를 함께 사용할 수 있도록 하였다.

그러나 거주자는 호주 가정 평균의 절반 정도만을 사용하게 해주는 낮은 전압용 케이블을 설치하여 전력소비를 절감하기 위한 노력을 하였다. 이 케이블은 자연경관을 헤치는 것을 줄이기 위해 지하에 설치되어 있으며, 전력소비를 줄여줄 뿐만 아니라 값 또한 싸다는 장점을 가지고 있다.

특히 아열대기후에 속하는 크리스털 워터스의 여름철은 습한 계절이기 때문에 거주자는 태양에만 의존할 수가 없다. 따라서 흐린 날이 계속 될 경우 디젤 또는 연료발전기에 의존하고 있다. 또한 겨울철, 많은 가정에서 땔감을 사용하는 난로를 이용하고 있는데 일부 거주자는 이러한 연료와 건축자재의 장래 공급에 대비하여 나무를 심고 있다.

이처럼 크리스털 워터스는 LPG, 가정용 태양열 에너지를 포함한 다양한 에너지 원천의 사용을 거주자에게 장려하고 있으며, 이러한 에너지 사용에 대한 지도를 해주고 있다.

급수시설

이곳에는 상하수도가 없다. 따라서 크리스털 워터스 내 각 가정에는 보통 2개의 커다란 물탱크를 가지고 있다. 하나는 지붕에서 내려오는 빗물받이용이고, 다른 하나는 계곡물을 끌어다가 저장하는 탱크이다. 이들 2개의 탱크에서 각 가정에 연결된 수도꼭지를 통해 빗물은 식수로, 계곡물은 샤워와 빨래, 세차 용도로 쓰인다.

빗물을 상수원으로 사용하기 때문에 집집마다 지붕에는 빗물을 받기 위한 홈통이 설치되어 있다. 물탱크의 저수량은 약 23,000리터 정도로, 이것은 4인 가족이 두 달 가까이 쓸 수 있는 양이다. 빗물은 수질검사결과 아무런 문제가 없을 만큼 깨끗하다고 한다.

계곡물은 마을 양편에 있는 킬코이 계곡과 스크럽 계곡에서 모터 펌프를 이용해 가장 높은 구릉지 물탱크로 뽑아 올린 뒤 그보다 낮은 6개의 보조탱크로 내려 보내면 여기에서 각 가정으로 공급된다. 이 과정에서 전력은 물을 뽑아 올릴 때만 사용되고 그 이후에는 전혀 사용되지 않는다. 대신 땅의 높낮이 차이인 중력과 수압을 이용해 물을 각 가정으로 공급한다. 이러한 방법은 처음 디자인 단계에서부터 계곡이 공급할 수 있는 물의 양으로 계산되었다.

크리스털 워터스를 설계한 맥스 린데거는

"흐르는 물의 질과 양을 유지하는 균형이 중요하며, 전기와 물을 통상적으로 쓰는 양의 50%로 줄이고 버리는 쓰레기는 완전 재활용하거나 아니면 재사용하도록 했다"

고 말한다.

물 및 댐의 건설과 이용

생활에 필요한 물의 공급과 관리를 위해 댐의 중요성이 부각되어 있는 크리스털 워터스 주위에는 17개의 댐이 85년부터 88년까지 3년간 건립되어졌다.

그들이 말하는 댐 건설에 있어서 주요한 점들은 다음과 같다.

- 대부분의 토양에 댐 시설이 가능함
  - 만약 토양에 적당한 양의 진흙이 있다면 댐 건설은 보다 쉬워짐
- 물 저장의 가장 저렴한 방법은 토양의 능력을 증진시키는 것임
- 물 저장의 두 번째 저렴한 방법은 흙으로 된 지중 댐(earth dam)을 만드는 것임
  - 이것은 콘크리트로 만든 댐보다 약 80~100배가 저렴함
- 댐의 주목적이 물 저장이라면(관개의 이용 등) 깊이가 너비보다 중요함
  - 넓은 표면적은 증발을 증가시킬 뿐임
- 댐의 주목적이 수중생물을 배양하는 것이라면 표면적을 증가시키는 것이 유리함
- 초기단계에는 동물의 접근이 가능하도록 계획함
- 동물이 댐에 직접 접근한다면 사람은 수영을 못하게 해야 함
  - 살모넬라증(salmonellosis), 브루셀라증(brucellosis), 결핵(tuberculosis) 등의 질병이 나타날 가능성 있음
- 넓은 공간을 필요로 한다거나 또는 이에 대한 지식이 부족한 수력발전소는 절대 도입해서는 안 됨.
- 다목적 댐 건설을 권장함
  - 물 저장 가능
  - 식용을 위한 물고기, 가재, 새우 등의 수생식물 번식
  - 빛의 반사와 따뜻함
  - 온화한 기후 형성
  - 낚시, 수영, 조정, 요트 타기 등의 레크레이션 제공
  - 조망 효과
  - 꽃 생산

폐기물 (하수와 오폐수, 음식물 쓰레기)

크리스털 워터스의 하수와 오폐수는 물론 각종 음식물 쓰레기 등은 보통 파이프를 통해 Composite Toilet이라는 곳으로 보내지며 이곳에서 처리된다. 이 화장실은 내부가 3중으로 이루어진 커다란 탱크 형태이다. 이곳에 모인 쓰레기는 호주산 지렁이의 일종인 '버름'을 통해 1차 분해되고, 박테리아를 통해 2차 분해된 뒤 맨 아래에 있는 모래를 거치게 되는데, 이 과정에서 최종 나온 물은 파이프를 통해 별도의 탱크에 저장해 두었다가 밭작물에 뿌리고, 남아있는 썩은 찌꺼기는 퇴비로 활용한다. 정화조에는 환풍기를 별도로 달아 집안으로 냄새가 들어오지 않게 하였다.

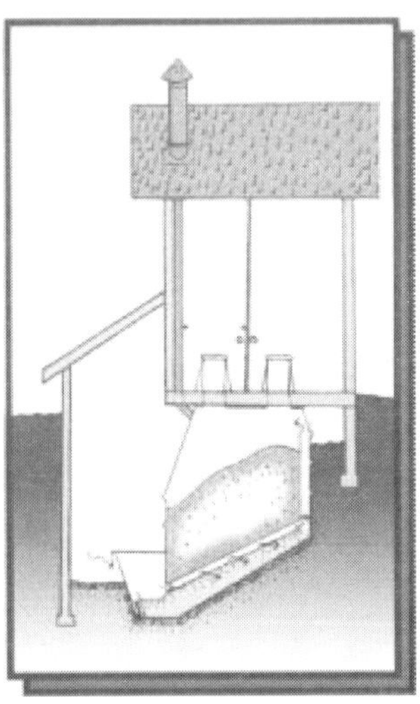

중수처리 시스템

크리스털 워터스에서는 중수처리를 위해 매크로피터스(Macrophytes)라는 시스템을 사용하고 있다. 이 시스템은 유럽에서 처음 사용된 것으로 대략 15가구당 하나씩 쓰던 상당히 큰 모양에서부터 개조되었다.

대부분 규격화된 이 시스템은 5㎝ 두께의 내구성이 강한 콘크리트 블록 또는 폴리에틸렌과 같은 재료로 되어 있으며 긴 박스 형태로 구성되어 있다. 일반적인 크기는 5m(L) x 0.5m(W) x 0.5m(H)의 치수로 이 지역의 한 가정(4인 기준)에서 사용하기에 부족하지 않은 적당한 크기이다. 중수는 한쪽 끝의 작은 덮개를 경유하여 이 박스로 들어간다. 이 끝부분에는 필터로 들어가는 중수를 막기 위한 조절장치가 갖추어져 있다. 박스의 윗부분 전체는 열려져 있다. 다른 한쪽 끝의 위에는 작은 넘침관(overflow pipe)이 설치되어 있다. 대지 위로 흐르는 빗물이 이 장치로 들어가는 것을 막기 위하여 이것의 높이를 대지의 높이보다 약간(0.1m) 높게 하였다. 이 박스 안에 있는 필터시스템은 10mm의 자갈과 표토가 연속된 사선 띠 모양으로 구성되어 있으며, 첫 번째 띠는 자갈로 되어 있다. 각 띠의 두께는 약 200~250mm로 되어 있으며, 박스의 바닥에서부터 가장 위 부분 25~50mm이 되는 높이까지 자갈과 표토가 채워져 있다. 중수는 이 띠를 통하여 여과되고, 여과된 물은 식물의 성장을 위해 처리된다.

1990년 최초로 Barry Goodman의 집인 Lot 83에 설치되었다. 이 필터는 7년 뒤인 1997년에 열렸으나 어떠한 고장도 발견되지 않았으며, 이 시설의 목적 중 하나인 나무성장의 측면에서도 훌륭한 시스템으로 증명되었다.

매크로피터스를 이용한 중수처리 방법에 대한 장점은 다음과 같다.

- 중수는 이 시스템으로 들어가는 즉시 여과되기 시작한다.
- 펌프는 필요 없다. 이 시스템은 중력으로 처리된다.
- 이 시스템은 저비용 장치이며 대지 위에 세울 수 있다.
- 유지 보수가 쉽다.

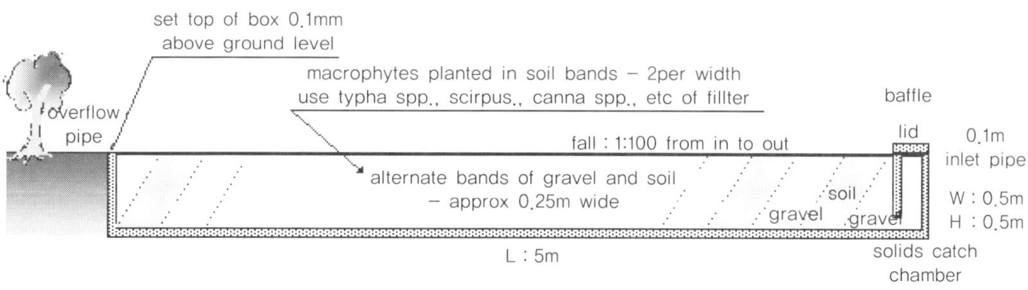

05

Crystal Waters의 주택 사례

Lot 2 : Lorelle의 집

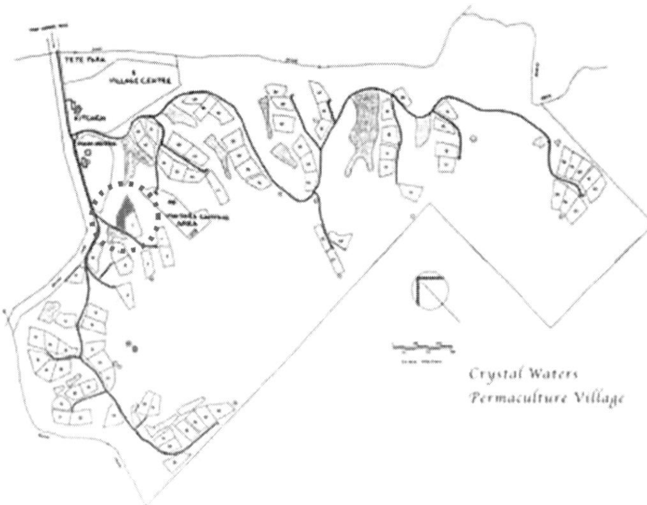

Permaculture

- 집주인인 Lorelle과 그녀의 남편 Peter는 Permaculture 원리에 입각해 자신들의 집을 직접 디자인하고 시공하였다.

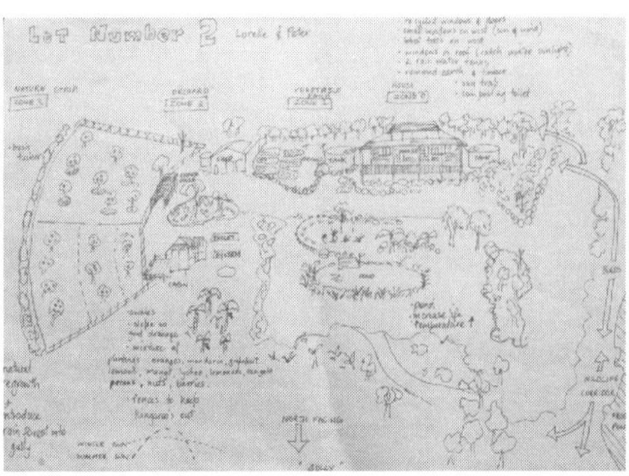

Aspect

- 보다 많은 햇빛을 끌어들이기 위해 북쪽에 위치하고 있는 발코니의 폭과 길이를 길게 하였다.

Materials

- 이 집의 주재료는 목재와 다진 흙벽인 Rammed Earth이다. 이 집에 사용된 Rammed Earth의 약 80% 정도는 이 지역에서 나는 흙으로 만들어졌다.
- 사용한 흙에는 친환경성과 구조적 안전을 위해 엔지니어의 테스트를 거쳐 얻어진 약 3% 정도의 시멘트가 함유되어 있다.
- Rammed Earth를 통해 세워진 벽의 두께는 약 300mm 정도이다.

- 가장 기초가 되는 바닥체는 콘크리트로 되어 있으며 그 위에는 개미의 침입을 막기 위해 철망을 깔았다. 이러한 철망 위에 최종적으로 나무 바닥을 깔았다.
- 물 사용이 많은 욕실 바닥은 콘크리트와 타일로 시공하였다.
- 문과 창문은 재활용품을 적극 활용하였다.
- 흙벽에는 별다른 벽지를 바르지 않았다.

Ventilation

- 발코니와 면해 있는 거실에는 천창을 두어 자연 환기는 물론 천창을 통해 들어오는 빛이 흙벽을 따뜻하게 하여 보온효과까지 겸하게 하였다.

Treatment of Wastewater

- 벌레가 들어 있는 첫 번째 탱크와 모래가 들어 있는 두 번째 탱크를 거쳐 여과한 후 최종적으로 정화된 물을 세 번째 탱크에 저장한다. 이렇게 얻어진 물은 주변의 농작물과 나무들을 위해 사용된다.

Rainwater

- 빗물을 탱크에 저장한 후 식수 등의 용도로 사용한다.

Pond

- 주거 내 위치하고 있는 4m 깊이의 연못은 자연적 순환과정을 통해 항상 깨끗함을 유지한다.

Other Features

- 처음 계획 시부터 조명을 비롯한 모든 설비가 고려되어 하나의 거푸집으로 집이 완성되었다.

Lot 42

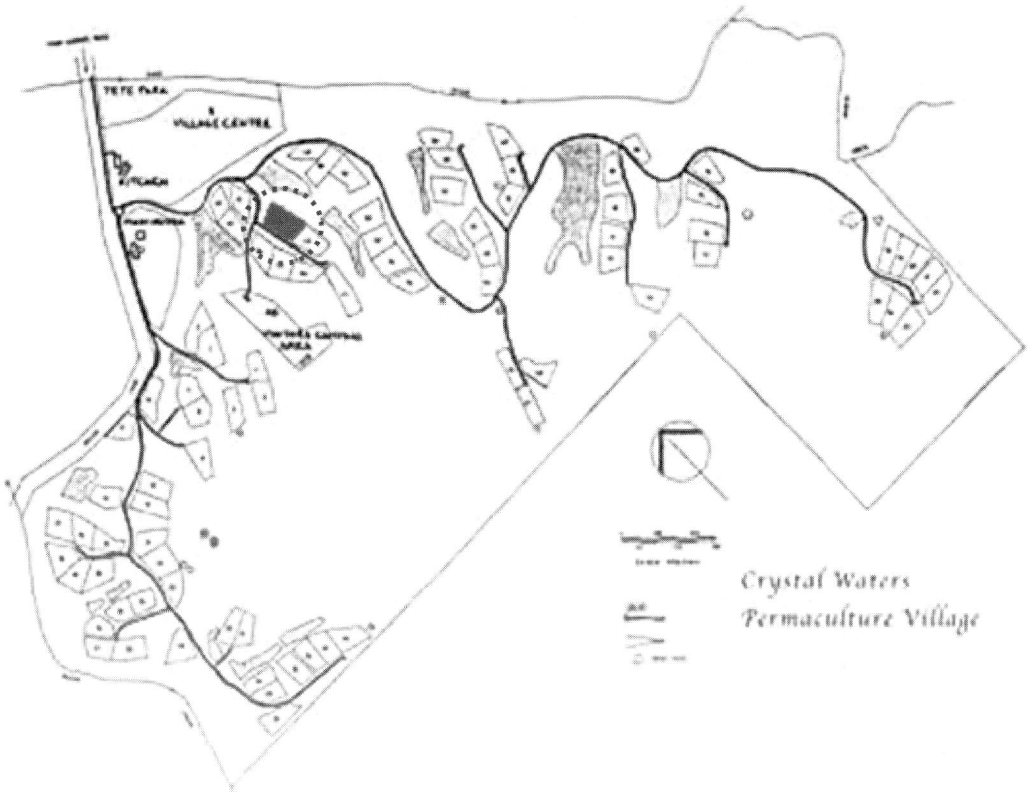

Aspect

- 주인이 직접 설계, 시공한 이 집은 태양에너지를 최대한 활용하기 위해 북쪽을 향하고 있다.
- 북쪽에 위치하고 있는 발코니의 폭과 길이를 집의 면적만큼이나 길게 하였다. 넓은 발코니는 호주 주택건축의 특징이다.

Materials

- 이 집의 주재료는 목재와 흙이다. 벽체는 여느 집과 마찬가지인 Lammed-Earth 방법으로 쌓았다.
- 구조적 안전을 위해 철재 보강재를 이용하여 결구시켰다. 목재와 흙만으로는 불안하다고 느낀 것 같다.

Interior

- 부재의 사용을 자연스럽게 노출시켰으며 특별한 마감재를 사용하지 않았다.
- 내부에 놓여진 가구 역시 건축물의 주재료와 잘 어울릴 수 있도록 목재 위주의 가구를 배치하였다.

Treatment of Wastewater

- 특별한 여과장치 없이 단지 Over-Flow된 물을 여러 개의 탱크를 거치게 하여 정화시킨다.
- 정화된 물은 주변의 바나나 나무를 비롯한 나무들을 위한 정원 용수로 사용된다.

Lot 44 : O'connell의 집

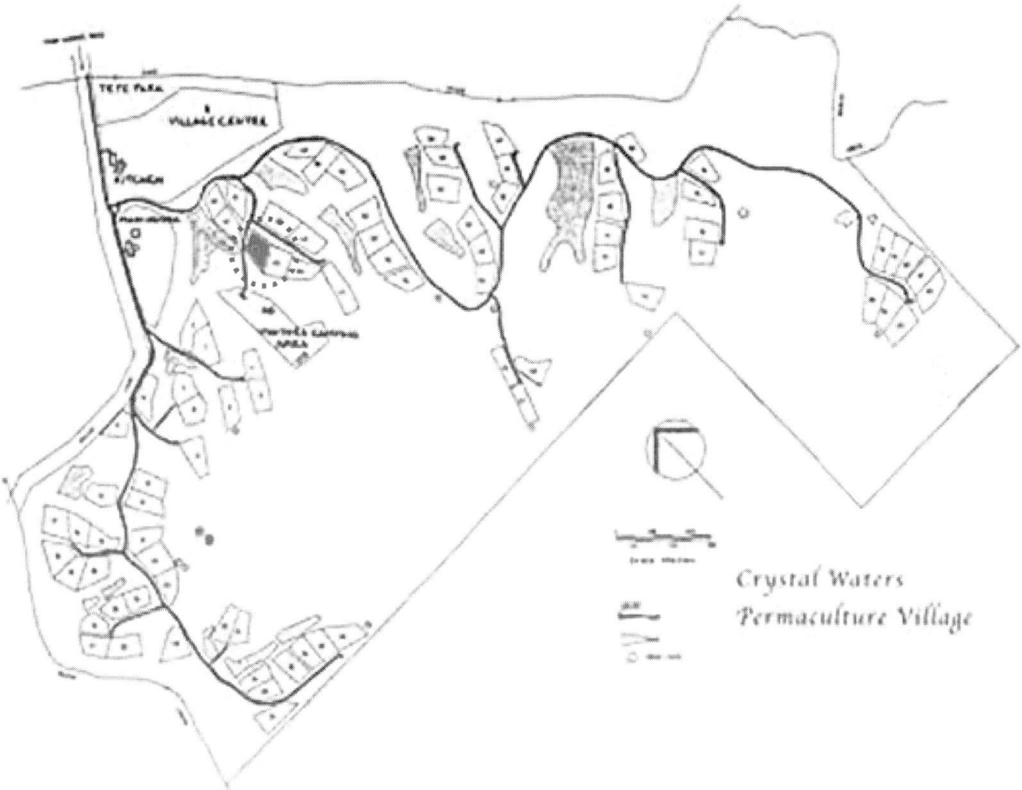

Aspect

- 이 집은 지표면에서 생길 수 있는 습기와 곤충의 피해를 막기 위해 누각형으로 디자인하였으며 자연환기와 더불어 햇빛을 최대한 끌어들이기 위해 북쪽을 향하게 하였다. 넓은 발코니, 경사진 지붕, 중층형 건축 등 이 마을에서 흔히 볼 수 있는 모습이다.

Materials

- 이 지역의 나무를 주재료로 하여 만든 집이다.
- 목재 자체를 껍질을 벗기는 등 간단히 가공만 하여 사용하기도 하였다.

Other Features

- 화장실로 향하는 복도 천장에는 태양열을 이용한 온수 탱크가 설치되어 있다.
- 일반 세면대와는 달리 한 개의 수도꼭지가 더 설치되어 있는데 이는 빗물용 수도꼭지이다. 온수와 냉수, 빗물 등이 사용된다.
- 거실에 있는 팬은 공기를 순환시킨다. 여름동안에는 실내의 공기를 순환시켜 산들바람을 만들어 주고, 겨울에는 위로 올라가는 따뜻한 공기를 아래로 내려오도록 하여 pot belly 난로의 효율을 보다 높여준다.

- 화장실과 통하는 아래층에는 Composite Toilet이 설치되어 있어 화장실에서 배출되는 배설물은 파이프를 통해 Composite Toilet 박스에 들어가 산화되고, 건조되는 건식과정을 거치게 된다. 소위 분뇨 정화조시설이 없는 것이다.

Treatment of Wastewater

- 집 앞에 크지 않은 규모의 습지를 만들어 이곳을 통해 더러운 물을 정화시킨다. 이러한 과정을 거친 후 만들어진 중수는 주변의 밭작물과 식재의 성장을 위해 사용한다. 그 외, 특별한 인공 정화시설은 없다.

Lot 62 : Jane의 집

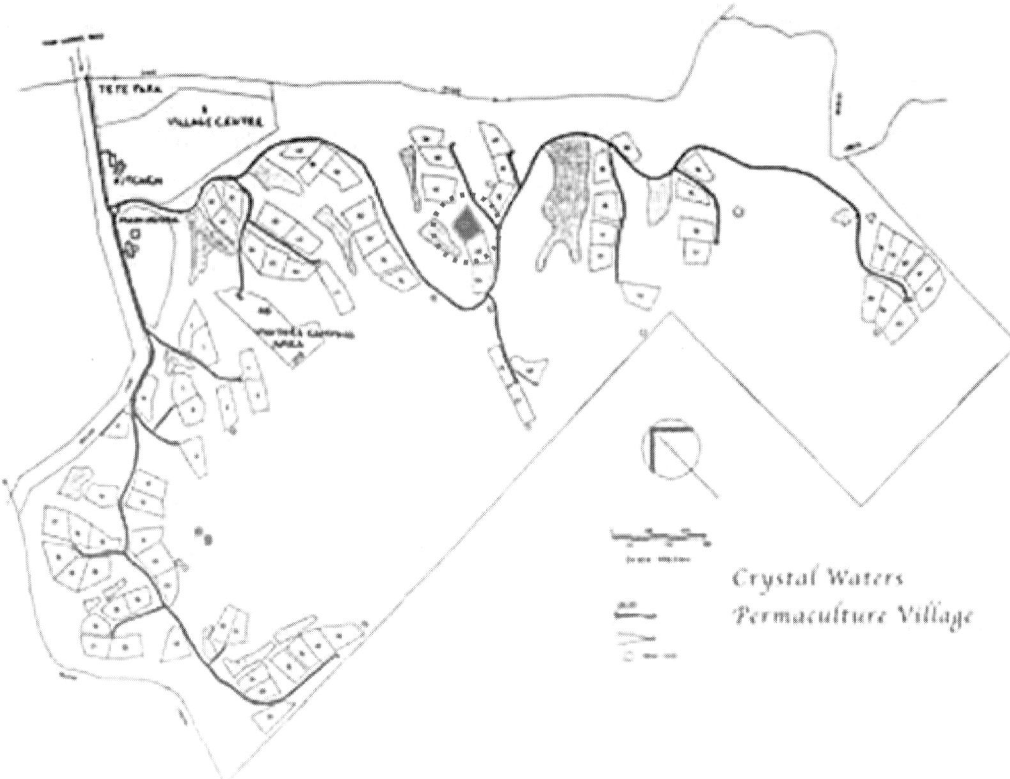

Aspect

- 일명 옥상녹화의 집이라 불리는 집이다. 지붕에 잡초처럼 느껴질 정도로 거친 풀을 심어 복토주택으로 하였다. 여느 집들과 마찬가지로 최적의 태양열과 환기 효과를 위해 북쪽을 향하고 있다.

- 거실과 면하는 전면 발코니는 차양시설을 이용하여 주거 내부 폭과 별반 차이가 없을 정도의 매우 넓은 폭으로 디자인하였다.

Materials

- 골조를 구성하는 나무와 그 사이를 채우는 흙이 적절히 어우러져 완성된 집이다.
- 흙 자체가 지닌 특성만으로도 좋은 마감재의 역할을 하고 있다. 뿐만 아니라 이 집의 주인인 Jane은 흙벽이 가진 축열 기능으로 보온에도 효과가 있다고 말한다.

Other Features

- 이 집의 가장 큰 특징은 옥상이다. 옥상에는 또 하나의 작은 정원이 만들어져 있어 여름에는 집안을 보다 시원하게, 겨울에는 집안을 보다 따뜻하게 해준다.
- 옥상 녹화를 위해서는 먼저 풀을 자라게끔 하는 흙이 필요할 것이다. 이를 위해 집채가 견딜 수 있는 경량토를 사용하였고 빗물이 고이지 않도록 지붕 경사를 고려하였다.
- 지붕에는 옥상녹화와 더불어 태양에너지를 이용하기 위한 시스템이 함께 설치되어 있다.

Lot 66 : Kalie & Scott의 집

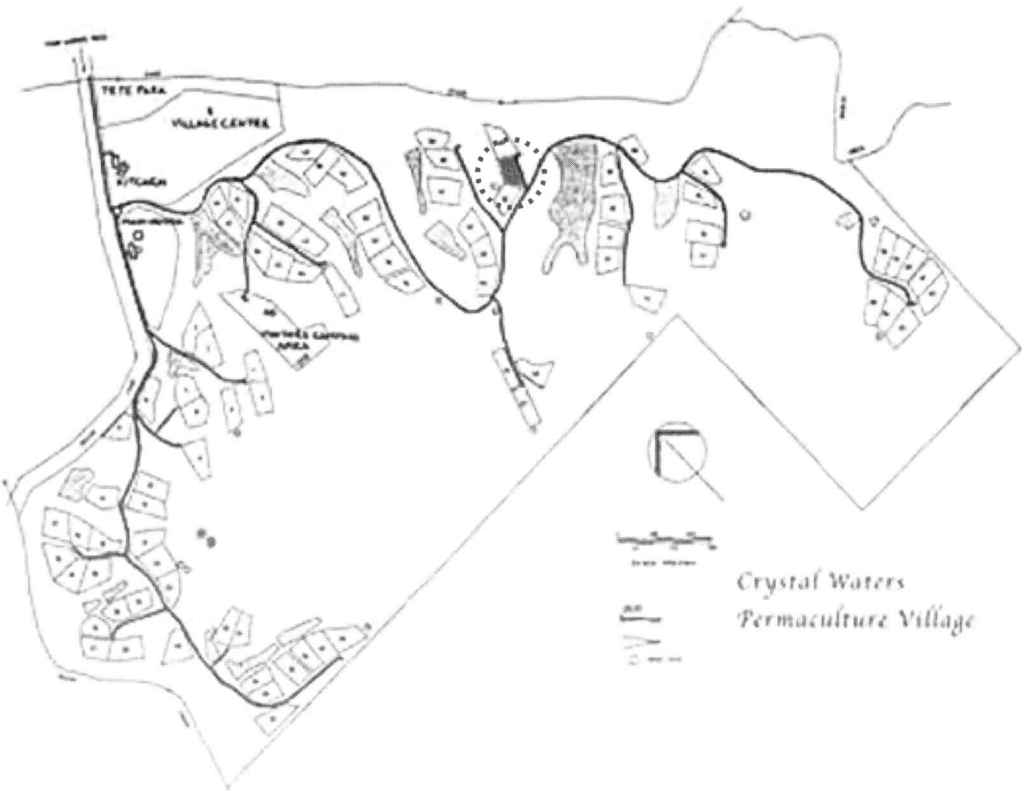

Aspect

- 방문자 숙소로 이용되고 있는 이 집은 2층으로 구성되어 있으며 북향을 하고 있다.
- 전체 2개 층 중, 1층은 마을 방문객을 위한 숙소로 이용되고 있으며 2층은 젊은 부부의 주거 공간이다.

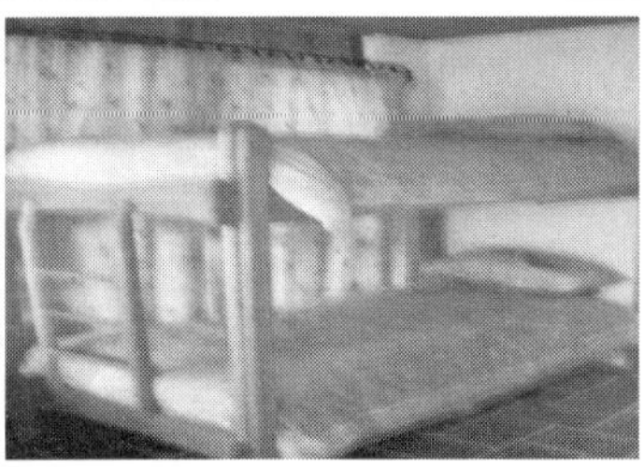

Materials

- 이 집 역시 나무와 흙을 주재료로 하여 만들어졌다. 하지만 벽돌과 타일, 유리 등을 함께 사용하여 이 마을의 집들 중 가장 견고하며 현대적인 느낌을 갖게 한다.
- 집의 재료만큼이나 집으로 들어가는 길목의 바닥 재료를 다양하게 사용하였다. 자갈과 흙, 색을 달리하는 시멘트 등을 함께 하여 시각적 흥미를 연출하였을 뿐만 아니라 친환경적이지 못하다고 여겨지는 재료들이 자연과 섞여 사용될 수 있는 방법을 말해주는 듯하다.
- 집으로 들어가는 길목의 아담한 벤치이다. 자연 속에 또 다른 형태의 자연이 묻혀 굳이 앉지 않고서도 편안함을 느끼게 한다.

The Garden

- 집 주변에 텃밭을 조성하여 '나'와 그리고 '이웃'에게 조금 나눠줄 수 있는 만큼의 양을 거둬들이고자 한다. 이것 또한 이 마을의 이념인 Permaculture라 여긴다.
- 발코니에 서서 팔을 뻗으면 다양한 열매들을 딸 수 있다. 그들은 사람이나 집이 주인이 아니라 나무나 숲, 자연이 주인이라 말한다. 따라서 이 마을의 집들은 자연을 해치지 않는 영역 안에서 자연 속에 하나의 작은 점처럼 묻혀 있다.

Materials

- 모든 건물 재료는 독성이 없는 재료이다. 이들이 이용하는 페인트는 독성을 가지고 있지 않다. 목재로 만들어진 바닥의 마감은 유동(tung)기름과 천연기름을 사용하였다.

Rainwater

- 빗물은 건물 하부에 위치한 40,000리터의 탱크에 받아놓으며, 필요시 펌프를 이용하여 퍼 올린다. 물은 이 집에서 매우 중요한 요소이다.

Solar hot water

- 온수는 Quantum사에서 고안한 태양열펌프에 의해서 만들어진다.

Treatment of Wastewater

- 모든 중수와 폐수는 산화와 탄산가스를 이용한 Ozzi Kleen domestic 오수처리시스템에 의해서 처리되고 있다.

Composite Toilet

- Healing Cabin의 화장실은 Clivus Multrum 건식 composite toilet이다.

The Gardens

- 꽃이 빨리 시들더라도 이 지역에서 생산되는 꽃을 우선으로 한다.

Lot 72 : Peter Van der Duys(건축가)의 집

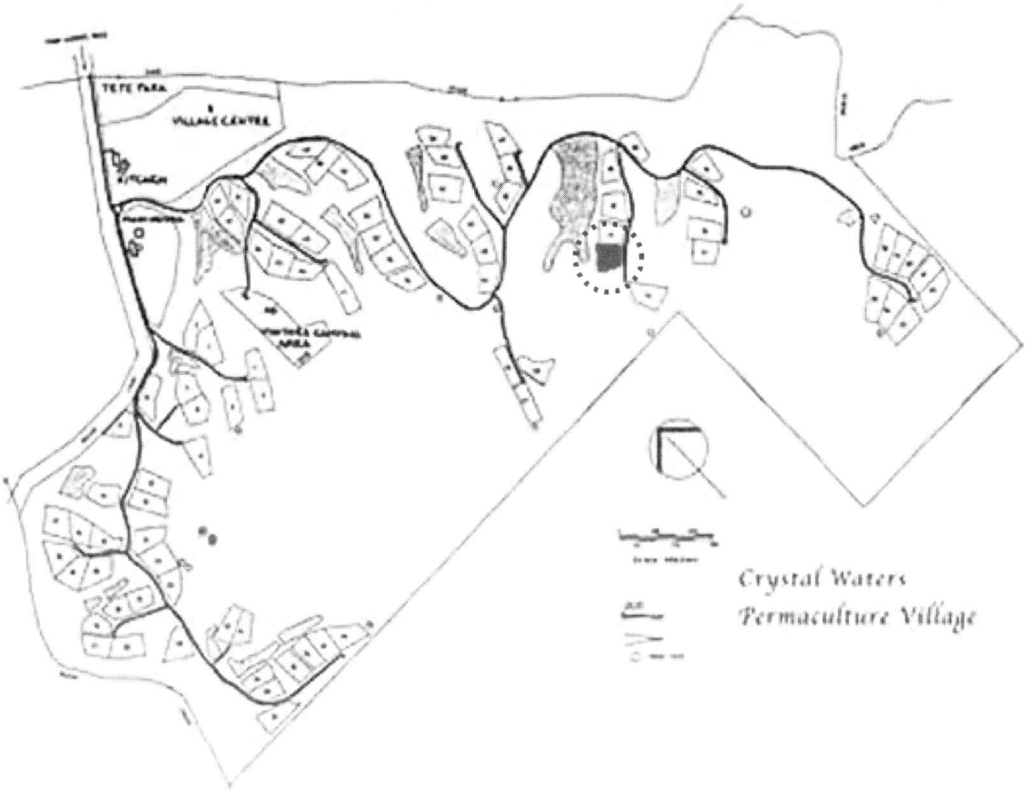

Aspect

- 심플한 직사각형으로 디자인하고, 북향으로 계획하여 태양을 최대한 이용하고 있다.
- 넓은 발코니와 경사진 지붕으로 전면부가 개방되어 있다.
- 지붕의 경사를 역방향으로 하여 중앙부에 모이게 하였다.
- 지면으로부터 1m 이상 높게 바닥판을 설치하였다.

Materials

- 이 건물의 재료는 대부분 중고품이다. 재료비는 약 $20,000가 소비되었다.
- 모든 문과 창문은 중고품이며 창문, 싱크대 등의 대부분은 브리즈번에서 가지고 왔다.
- 공장에서 가지고 온 지붕틀을 세웠고 벽으로 구획을 나누었다.
- 이곳의 바닥은 합판이다. 이유는 합판의 가격이 가장 쌌기 때문이며, 이 위에 페인트 칠을 하였다.

Ventilation

- 지붕의 단열재를 최소로 하였기 때문에 외기가 30℃ 이상이 되면 실내는 매우 덥다. 따라서 환기가 활발히 잘 이루어지도록 하였다.

Other Features

- 휴식과 더불어 테이블을 놓고 음식을 먹을 수 있는 장소로써의 기능을 담당하기 위해 베란다의 너비를 3m로 넓게 계획하였다.
- composite toilet 시스템은 bucket을 이용하였다.

Lot 83 : Barry Goodman의 집

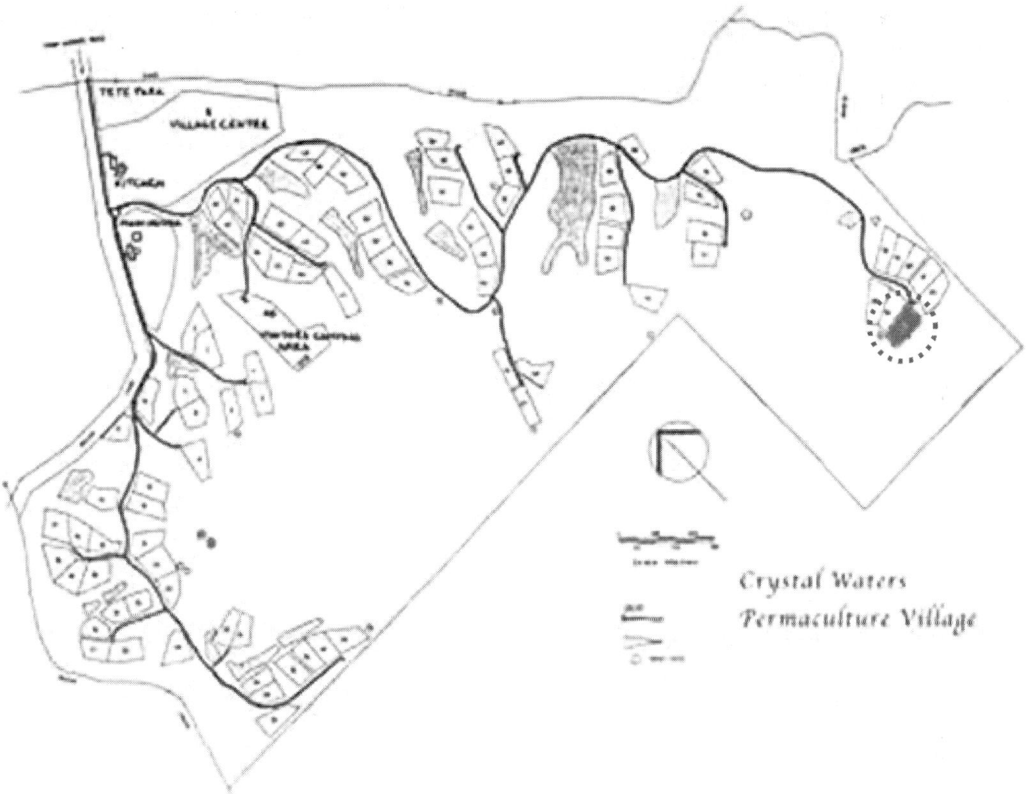

Building

- Crystal Waters 건립의 주체적 인물이었던 Barry Goodman의 집이다.
- 이 건물의 기초공사는 최소의 터파기로 시공되었고, 자연스러운 대지의 경사를 적절하게 이용하였다.
- 두 개의 동으로 구성된 본 가옥은 위 · 아래의 경사를 이용하여 위치시켰고, 복도형 계단으로 위 · 아래 두 동의 건물을 연결하였다.

- 건물의 구조는 Pole Frame으로 구성되어 있다. 다져진 재료 위에 1,200mm의 장대 44개를 기초에 심었다. 이 장대는 안전하게 구조설계 되었기 때문에 흔들림에 대한 다른 버팀대가 없어도 문제가 되지 않았다. 또한 이 기초의 깊이는 건물의 하중을 지지할 수 있도록 약간 두껍게 했기 때문에 콘크리트 덧댐을 하지 않아도 되었다.

Ventilation

- 실내는 자연환기에 의한 냉방이 가능하도록 계획되었다. 더운 공기를 제거하기 위해 각 방에는 벽 끝과 천장이 마주치는 곳에 공기 흐름의 조절이 가능한 루버를 설치하였다. 이 루버는 갈고리가 있는 막대기에 의해서 작동된다.

- 기후 특성상 지붕 아래 40%를 옥외생활 공간으로 계획했을 뿐 아니라, 대부분의 외벽을 문과 창으로 구성하였다.

Materials

- 이 건물의 모든 문과 창틀, 유리, 수도꼭지는 재활용품이다.
- 지붕의 모든 재료는 철재 함석으로 되어 있다.

Rainwater

- 지붕에서 받아진 모든 빗물은 콘크리트로 지어진 탱크로 모인다. 이 물은 뒷산에 위치한 탱크에 펌프로 끌어올려진 후, 중력에 의해 집안으로 보내진다. 펌프의 작동은 태양에너지에 의해 발생하는 전기를 이용하였다.

Electrical System

- 이 건물에서 필요한 전력은 태양에너지를 이용하여 발생시킨다.

Bathroom

- 욕실에는 더운 물을 받을 수 있는 16mm 방수합판으로 된 욕조가 있다.
- 초창기 San Francisco에서 설계된 이 욕조는 보다 안전하게 배수될 수 있도록 바닥을 약간 기울어지게 계획하였다. 이 바닥의 물은 한쪽 벽에 있는 홈으로 모아져 실외로 빠져나갈 수 있게 되어 있다.

- 벽에는 쓰다가 남은 타일을 싼값으로 사서 붙였고, 수도꼭지 역시 중고품을 사용하였다.

Treatment of Wastewater

- 부엌, 화장실 및 세탁물에서 나오는 중수는 유럽에서 디자인 된 macrophytes 필터에 의해 정화되어진다. 이 macrophytes 필터는 땅 밑에 5m(L) x 0.5m(W) x 0.5m(H) 크기의 경량 나무박스로 설치되어 있다. 이 박스 안에는 10mm 자갈과 흙이 200mm 간격으로 번갈아 있으며 사선의 띠 모양으로 구성되어 있다. macrophytes 필터를 지난 중수는 식물의 성장을 위해 공급된다.

Other Features

- 천장은 호일과 두꺼운 유리섬유로 단열시켰지만, 벽에는 창과 문이 많아서 특별한 단열재를 쓰지 않았다.

- DOWMUS사에서 설계된 건식 composite toilet은 1989년부터 이곳에서 사용되었고, Queensland Department of Health에 의하여 입증되었다.
- 280ℓ의 온수탱크는 실내의 천장에 위치하고 있어, 중력으로 온수를 사용할 수 있다.

- 2개의 부엌 작업대는 작업의 편리성을 위해 디자인되었다. 여느 수납장과는 달리 모든 문을 없앴으며 따라서 모든 요리도구는 걸려 있다. 요리를 위한 에너지는 외지에서 LPG를 사오기도 하고, 이 지역의 장작을 주워 사용하기도 한다. 요리 작업대는 편리함과 깨끗함을 유지하기 위해 도자기타일로 마감하였다.

Eco Centre(Eco Center)

1994년 GEN[14]의 설립 이래, 생태마을디자인에 관한 교육기회 제공의 필요성을 인식하고 2000년 생태마을 교육센터인 에코센터를 Crystal Waters에 설립하였다.

Location

- 교육 참여자의 식사 제공을 위해 마을의 상업지역에 계획
- 강가나 평지보다는 높은 지역에 건물을 계획
  - 여름철 시원한 바람 유입
  - 겨울철 낮은 지면의 서리를 피할 수 있음
  - 아름다운 조망 제공

Aspect

- 태양에너지를 최대로 이용하기 위해 북향에서 약간 동쪽으로 향함
  - 지붕에 설치된 PV 패널의 효율성 증대
  - 뛰어난 자연채광 및 조망 제공

Flat

- 수업을 위한 두 개의 교실(실내 · 외 각 하나씩)은 9.6m x 6m의 크기를 가진 공간으로써 60명 정도가 편안하게 앉을 수 있도록 설계

14) GEN의 개요 및 역사 : GEN(Global Eco-Village Network)은 지속가능한 인간거주지 조성, 거주지 사이의 정보교환, 생태마을의 개념과 시범지역에 대한 폭넓은 정보제공을 위하여 1994년에 발기하여 1996년에 정식으로 설립된 단체이다. GEN 사무국은 1994년 Gaia Trust로부터 재정지원을 받아 덴마크에 위치한 Fjordvang에 설립되었다. 초기의 구성은 스코틀랜드의 핀드혼 공동체, 미국 테네시주에 위치한 팜 공동체, 콜로라도주에 위치한 매니튜 연구소, 독일의 스테어버그에 있는 레벤스가르텐, 호주에 위치한 크리스털 워터스, 러시아의 페더스버그 생태마을, 헝가리의 그루프, 인도의 라다크 프로젝트, 덴마크의 지속가능한 공동체연합 등이 가입하였다. 1995년 웹사이트를 구성하고, "생태마을과 지속가능한 지역사회"에 대한 학술회의를 개최하였다. 회의기간동안 국제적인 관할을 위하여 팜(USA), 레벤스가르텐(독일), 그리고 크리스털 워터스(호주)가 세 개의 지역연합 설립지구로 결정되었다. 현재 180여개의 공동체가 GEN에 가입되어 있다.

GEN의 목적 : 전 세계의 생태마을 네트워크 활동을 조성하며, 정보의 교류를 증진시키고, 다양한 서비스, 법안 마련을 위한 협의, 회의, 세미나, 교육프로그램, 기금마련, 기금분배, 생태마을 조성을 위한 가이드라인 개발 등을 통하여 보다 많은 지역으로 생태마을이 조성될 수 있는 기회를 제공하는 것이다.

GEN의 활동 : 공동체가 조직되어 있는 세계 곳곳의 생태마을을 네트워크로 연결시킨다. 또한, 각 공동체 조직에 소식을 전하고, 지속가능한 프로그램을 소개하는 출판물을 출간한다. 최근 GEN은 생태마을 조성을 위한 생태관광, 컨설팅, 교육 등을 제공하고 있다.

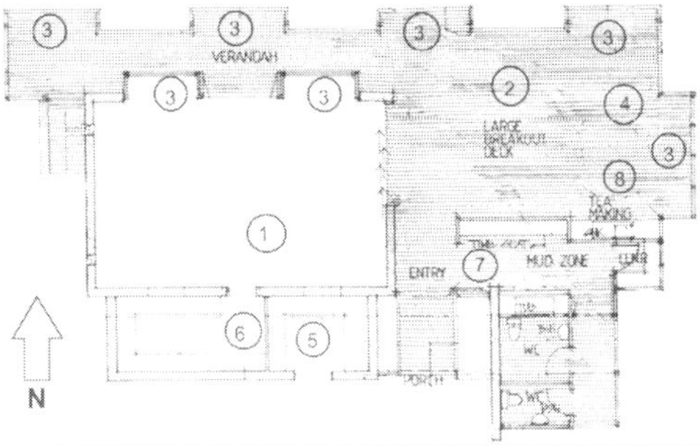

1.Indoor teaching
2.Outdoor teaching
3.Small group areas
4.Break-out area
5.Storage related to catering
6.Storage related to EcoCentre
7. Mud room
8.Tea room

Walls

- 다져진 흙벽의 이용
  - 시각적으로 진흙집과 같음
  - 여름 : 시원 / 겨울 : 따뜻
  - 보통 건물보다 초기투자비, 유지비, 음향의 측면에서 유리
- 다져진 흙벽의 기술
  - 공기압을 이용한 달구를 사용하여 약간의 수분이 있는 흙을 압축
  - 5%의 석회와 흙을 함께 사용
  - 우천 시에도 벽의 침식저항이 높고, 압축력과 전단력 향상

Roof

- 아연도금된 알루미늄 코팅 철재 지붕 선택
  - 우수를 모으기에 적당
  - 화재 위험에 유리
  - 설치기간 짧고, 유지관리 불필요
- 5도 이하의 경사로써 단순한 지붕형태

Electrical

- 베란다 지붕 위에 24개의 PV 패널 설치
  - 최대 3kWh의 전력 생산 가능
  - 전력 공급망에 연결되어 배터리 사용 불필요
- 컴퓨터를 이용한 전기에너지 입 · 출력의 감시

Doors, Windows

- 새 제품과 재활용품의 적절한 사용
  - 주출입구, 실내교육공간의 큰 문 : 지역 식림지에서 구한 재료로 제작
  - 덧문, 물품저장공간 문 : 철거장에서 구한 재활용품

Interior Climate

- 태양고도와 개구부 개폐를 적극 이용
- 덧문의 루버 각도를 조절하여 바람의 강도 조절
- 높은 창과 천장의 기울기를 이용하여 자연환기 유도
- 난방시, 천장 팬을 이용하여 더운 공기를 하강시킴
- 장작난로 사용

Water

- 빗물의 사용
  - 이곳의 기후 특성상 여름철 강우량은 매우 높음
  - 지붕을 이용하여 탱크에 저장
  - 탱크의 용량 : 22,500ℓ
  - 탱크에 저장 후 상업식당과 함께 사용
  - 음료수, 설거지, 세정수 등으로 사용
  - 탱크에서 넘치는 물은 조망용 연못에 사용

Waste Water

- Biolytic 필터로 오수와 생활하수를 영양분이 많은 자원으로 환원시키는 시스템 사용
- 처리되어 나온 물은 정원의 관개수로 사용
- 화장실 시스템 – 적은 양(2~3ℓ)의 세정수 사용

Landscaping

- 채소와 허브 정원을 둠
  - 좁은 공간에서 재배 가능
  - 약간의 관리만으로도 운영 가능
  - 새와 나비를 끌어들임

Furnishing

- 천연재료의 사용
- 가능한 지역 내에서 구입 가능한 제품 사용

06

Crystal Waters Owner's Manual

Chapter 1

Development Policies

Crystal Waters는 자체공동체를 기반으로 존속되며, 공동체 구성원들 사이의 높은 책임감을 요구한다. Crystal Waters는 퍼머컬쳐 마을이다. 퍼머컬쳐는 농업기반의 지속가능하고 자립적인 시스템으로 도시와 농촌 모두 적용가능하며 나무와 동식물, 구조물과 인간의 활동들이 특정한 환경 안에서 효율적이고, 적은 재료의 사용으로 최적의 생산을 이루기 위해 디자인되었다. 궁극적 목표는 생태계의 안정과 토양, 물, 에너지, 기타 천연자원을 보존하기 위해 디자인된 시스템 안에서 다양성을 창출하는 것이다. 본질적으로 퍼머컬쳐는 생태학에서 영감을 얻어 출발한 디자인이다.
Crystal Waters에서 기본적으로 지켜야 할 규정은 다음과 같다.

1. 거주자들은 단지 내의 소유물 규약에 따라 협동작업을 하여야 하며, 단지 내의 조경과 농장은 주위경관과 조화를 이루도록 설계하여야 한다.
2. 건물과 앞마당의 디자인에 신중을 기해야 한다.
3. 구조물은 주변 자연환경과 조화를 이루도록 통합되어야 한다.
4. 단지 내의 모든 시설은 에너지 요구를 감소시킬 수 있도록 계획되어야 하며, 에너지를 소비하는 기기를 사용하거나 이러한 작업 시에는 신중을 기해야 한다.
5. 개인 거주지를 관리하거나 새롭게 개선할 때에는 주변 자연환경을 보존할 수 있도록 하여야 한다.
6. 적절한 토지이용계획과 신중한 건물계획, 독성물질의 사용 자제, 폐기된 재료의 재활용 등을 통하여 주변의 깨끗한 자연환경을 유지하여야 한다.
7. 이러한 모든 활동은 협동작업을 전제로 한다.

Chapter 2

Cooperation with Your Neighbours

아래 열거된 내용들은 대부분 상식에 준하는 것들이다. 몇몇 항목들은 거주자들에 의한 불만으로 지적된 것이며, 다른 항목들은 이를 준수할 시 거주자의 재화를 절약할 수 있을 것이다.

1. 우리는 조용한 환경에서 거주하기를 원한다. 단지 내에서는 자동차를 조용히 운행하여야 한다. 단지 내에서 자동차 대신에 걷거나 자전거를 이용하는 것은 단지 내의 환경을 유지하는데 도움을 줄 수 있으며, 건강을 유지하는데 도움을 줄 것이다.
2. 흡연을 하거나 외부에서 불을 지펴 연기를 피우는 등의 행위는 건강을 해치거나 환경을 오염시키는 원인이 된다.
3. 도로에서 차를 운행할 때에는 헤드라이트의 불빛이 다른 주거지에 직접 비추도록 하지 말아야 한다. 필요한 경우, 식재를 통해 빛을 차단할 수 있다.

4. 식물들이 무성하게 자라도록 방치하지 않아야 한다. 특히, 인접 주거지가 있을 경우 다른 주민의 사유지에 식물이 침범해서는 안 된다.
5. 집에서 기르는 동물(닭, 염소 등)의 우리를 마련하여야 한다.
6. 집에 앉아 이웃과 대화를 하거나 공동 작업을 할 때(나무를 심는 작업 등), 서로를 존중하여야 하며 이성을 잃고 목소리를 높이는 등의 행위를 하지 말아야 한다.
7. 거주자들 상호간에 충분한 대화를 통해 소속감과 일체감을 느끼는 것이 이상적이다. 공공의 영역과 사적인 영역은 계획단계에서 고려되어야 하며, 댐, 거리, 놀이지역 등의 기능을 최대로 이용하기 위해 이웃과의 토론이 필요하다.

Chapter 3

Cyclonic Conditions

Crystal Waters는 여러 개의 지역으로 구분되어 있으며, 남쪽(Coffs Harbor)으로 확장해 나가고 있다.

Chapter 4

Heat Gain

1. Crystal Waters는 아열대 기후에 속해 있다. 1년 중 40주 가량이 하절기이고, 12주 정도가 동절기이다. 동절기의 기온은 대략 6℃에서 20℃ 사이이며, 하절기는 대략 16℃에서 30℃ 사이이지만 35℃를 넘는 때도 종종 있다.
2. 충분한 환기를 위해 열려진 상태에서 고정이 가능한 개구부가 반드시 필요하다. 서로 다른 곳에서 압력 차이를 발생시킴으로써 환기를 더욱 향상시킬 수 있다. (차가운 공기는 압력이 낮고, 더운 공기는 압력이 보다 높다.)
3. 잘 계획된 식재를 통해 여름철에도 시원한 바람을 실내로 유입시킬 수 있다. 지붕에 환기가 가능한 공간을 두고, 실내외가 접하는 천장에 단열을 하면 일사에 의해 지붕이 가열되어도 실내 기온이 상승하는 것을 최소화할 수 있다.
4. 북쪽으로 활엽수의 덩굴식물을 심어 여름철 일사가 실내로 직접 유입되는 것을 방지할 수 있다.
5. 건물의 동쪽과 서쪽에는 거주하지 않는 방들(화장실, 샤워실, 창고 등)을 두어 동쪽면과 서쪽면에 도달하는 일사의 영향을 최소화할 수 있다.
6. 수평차양을 두어 하절기에 일사를 차단하고 동절기에 일사를 유입할 수 있다. 하절기와 동절기 모두 이상적인 수평차양의 계획은 현실적으로 어렵기 때문에 어느 정도 적정선을 찾아 설치하는 것이 바람직하다.

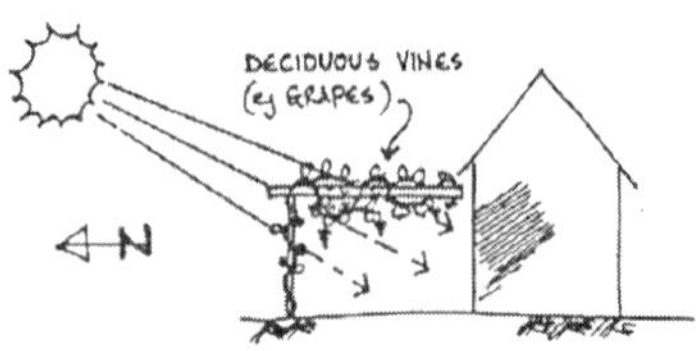

7. 일사를 차단하기 위해 심은 덩굴식물과 남측벽 쪽으로 심은 담쟁이덩굴 등의 습기를 머금은 식물은 증발냉각 작용을 한다. 한편, 건물에서 수분을 흡수하더라도 이들 식물들은 일정량의 습도를 유지시키는 작용을 한다. 외벽을 타고 올라가는 덩굴식물들은 값싸고 효과적인 천연의 단열재 역할을 한다.
8. 건물이나 주변에 축열 재료를 사용하지 않는 것이 쾌적감을 향상시키는데 유리하다.
9. 천장 주변의 더운 공기는 천장의 개구부를 열어 환기시킬 수 있어야 한다.

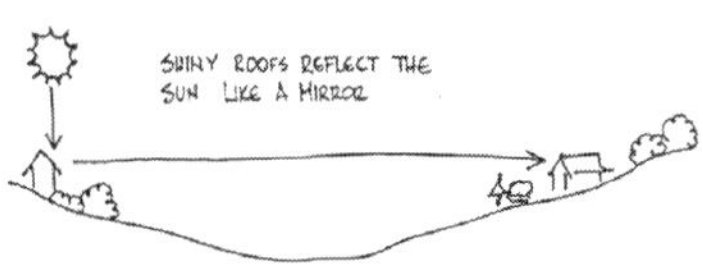

10. 내부의 발열기기(냉장고 등)는 환기가 가능한 위치에 두어 열이 쉽게 빠져나갈 수 있도록 한다.
11. 밝은 색의 지붕은 열을 대부분 반사하지만 반사된 열이 이웃에 미치는 영향을 고려하여야 한다.

Chapter 5

Heat Loss

쉽게 추위를 느끼는 거주자는 다음의 항목을 고려하여야 한다.

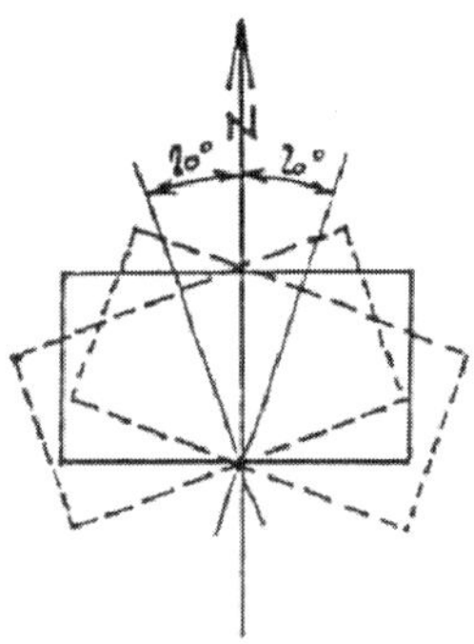

1. 건물은 정북방향에서 ±20°의 범위에 들도록 앉혀야 한다.
2. 수평차양은 동절기에 일사를 최대한 유입할 수 있도록 계획하여야 한다. 또한, 환기를 위해 설치된 고창을 통해 건물 내부로 일사를 최대한 유입할 수 있어야 한다.
3. 단열을 강화해야 한다. 특히, 저녁 때 거주영역의 단열을 강화한다.
4. 동절기 침기를 줄이기 위해 유리창에 코르크나 고무 등의 재질로 된 틈마개(weatherstrip)를 설치하는 것이 효과적이다. 개구부의 크기가 클 때에는 커튼을 이용할 수 있다.
5. 남쪽과 서쪽편의 개구부를 적게 하는 것이 효과적이다.
6. 동절기 때, 상록수 등에 의해 건물에 그림자가 드리우지 않게 한다. 북쪽과 서쪽에는 활엽성의 덩굴식물을 심는 것이 가장 효과적이다.
7. 남쪽과 서쪽에 방풍을 위한 식재를 하면 동절기의 강한 바람을 막을 수 있다.
8. 나무를 때는 벽난로나 타일 스토브와 같이 매우 효율적이며, 에너지 측면에서 경제적인 난방 기구를 설치한다. 이런 난방기구들은 밤새도록 천천히 열을 방출하여 아침에도 실내기온을 유지해 준다.

Chapter 6

Site Drainage

1. 대지의 수문학적 특성을 파악한다.
2. 토양의 성질을 파악한다. (점토질의 토양는 배수에 취약하고, 사질의 토양은 배수에 유리함)
3. 대지의 배수계획 시에는 주도로에서 주거로 진입하는 접근로와의 관계를 고려하여 계획하여야 한다. 배수로와 접근로가 같은 위치에 오지 않도록 주의하여야 한다. 또한, 이런 배수로가 개인의 대지를 벗어나 이웃의 대지와 연결될 때 배수로의 방향을 고려할 필요가 있다. 한편, 이웃과 배수계획을 상의하고 협동 작업을 통하여 배수되는 물을 다른 방법으로 이용할 수 있다. 가령, 경관의 한 요소로 연못을 구성할 수 있으며 수생식물이나 다른 과실수를 재배하는데 이용할 수도 있다.

4. 배수로 작업, 대지개발과 접근로를 건설하는 과정에서 파헤쳐진 토양은 반드시 상층부의 토양을 다지고 잔디를 깔아 차후에 유지관리비용이 발생하지 않도록 처리해야 한다. Crystal Waters의 토양은 상층부의 토양이 침식되기 시작하면 바로 토양의 침식으로 이어지는 특성을 가지고 있다.

Chapter 7

Moisture Penetration

1. Crystal Waters가 위치한 지역은 연평균 강수량이 1,350mm에 이르며, 대부분이 하절기에 집중되어 있다.
2. 지면과 접하는 목재 구조부위(기둥 등)에서 섬유질을 따라 습기가 올라오는 것을 방지할 수 있도록 방수처리를 하거나 방수재료를 사용하여야 한다.
3. 하절기에 주변이 항상 축축하거나 습도가 높을 때에는 건물의 벽면, 천장, 지붕하부 등에서 결로가 발생할 수 있다. 이를 방지하기 위해 환기를 지속적으로 수행하고, Chapter 4에서 언급한 Passive solar gain technique를 적절히 사용한다.
4. 빗물이 침투하는 것을 최소화하기 위해 건물의 모든 면에 처마를 내고 지붕에 방수지를 얹는다.
5. 외부로 열려진 모든 개구부는 방수처리를 한다.
6. 이중벽의 구조에서 벽사이의 공간에 빗물 등이 침투하는 것을 방지하기 위해 바람이 불 때 빗물이 들이치는 방향 쪽으로 열리는 덧문을 모든 개구부에 설치한다.
7. 지하수가 지면과 접한 벽을 따라 침투하는 것을 방지하기 위해 지면과 접한 면을 따라 방수지를 덧대고 건물 밖으로 지하수를 배출시킨다.

Chapter 8

Natural Light and Sunlight Access

1. 동절기에 실내로 최대한의 일사를 유입시키기 위해서는 처마를 포함한 수평차양의 디자인에 주의를 기울여야 한다.
2. 앞마당에 나무를 심을 시에는 동절기때 건물에 그림자를 드리우지 않도록 한다.
3. 북쪽면에 지붕으로 덮힌 베란다를 설치하지 않는다. 북쪽면에는 활엽수의 덩굴식물로 덮힌 파고라(지붕이 덮히지 않은 프레임으

로 짜여진 정자)를 설치하는 것이 이상적이다.

4. 동쪽이나 서쪽면에서 유입되는 일사는 불쾌감을 유발할 수 있으므로, 이를 차단하기 위해 전략적으로 식재를 사용한다.
5. 하절기에 사용할 수 있는 외부이자 내부인 공간을 마련한다. 베란다는 하절기에 편리하고 쾌적한 환경을 제공할 수 있다.
6. 이웃의 건물이 자신의 건물에 의해 일사나 바람의 영향을 받지 않도록 고려한다.

Chapter 9

Shelter

1. Permaculture

   디자인에서 가장 중요한 것 중의 하나는 주거와 주변의 환경을 계획하는 것이다. 과거에 행해졌던 실수들을 해결하기에는 막대한 비용이 들 뿐만 아니라, 지금 현재 실수로 디자인된 것들이 주류를 차지하고 있기 때문에 그 자체를 변경할 수는 없다. 우리는 그러한 실수들로부터 새로운 것을 배워야 한다. 이러한 과정에서 부족한 것은 지식과 경험, 그리고 지역기후의 특성을 이해하는 것이다. 지식의 부족은 그 지역의 전문가들에 의해 보완될 수 있다.

2. Low energy – 인간과 동물을 위한 적합한 디자인

   소제목에서 동물을 포함시킨 것은 단순히 동물들의 거주지를 조성하는 것이 비용측면에서 경제적이라는 이유만은 아니다. 인간과 마찬가지로 동물들도 편안하고 건강한 삶을 살아갈 권리가 있기 때문이다.

3. Sitting the home

   주거의 비용 부분에 가장 큰 영향을 미치는 요소는 대지의 선정이다. 대지의 선택은 쾌적성에 영향을 미칠 뿐만 아니라 종종 긴 기간에 걸쳐 추가적인 비용을 발생하기도 한다. 실험 결과 사람들은 하절기에 25℃, 동절기에 20℃의 기온조건에서 생활하기를 바란다고 밝혀졌다. 서로 다른 건물 재료와 그것들을 적절히 사용함으로써 연중 쾌적한 기온 조건을 만들 수 있다. 잘 선택된 대지는 다른 요소들보다 효과적으로 작용한다. 다음에서 지적되는 사항들은 대지를 결정하기 전에 반드시 살펴보아야 할 요소들이다.

(1) Sun

- 남반구에서는 태양을 적절히 이용하기 위해 북쪽을 향하도록 건물을 앉힌다. 일년 동안의 태양궤적을 살펴봄으로써 베란다의 적절한 위치와 수평차양의 폭을 선정할 수 있다. 수평차양의 폭은 아열대기후에서 기온에 영향을 미치는 중요한 요소이다. 이처럼 계절에 따른 태양의 궤적을 고려해야 할 뿐만 아니라 하루 중에 태양의 움직임을 고려하여 수평차양을 적절히 계획하여야 한다. 대지에 건물을 앉힐 때 정북방향에서 동·서쪽으로 20° 안에 위치하도록 배치한다면 적절하게 태양을 이용할 수 있다.

(2) Wind

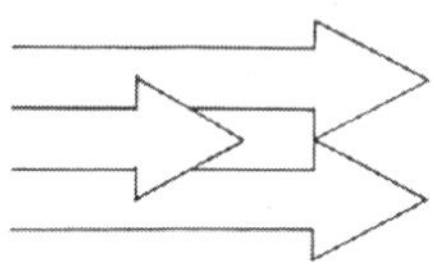

- 풍배도(Windrose)는 대부분의 지역에서 하절기와 동절기에 바람을 이용할 수 있는 유용한 데이터로 활용할 수 있다. 그러나 특정 지역의 풍향과 풍속은 기록되는 지점과 차이가 있으며 구하기 쉽지 않은 단점을 가지고 있다. 이런 기상데이터는 건물의 설계뿐만 아니라 방풍림, 동물의 서식지 조성, 경작물 계획, 과수원 조성 등에 활용될 수 있다. Landuse Sub-committee는 Crystal Waters의 데이터를 수집할 것을 장려하고 있으며, 새로 들어오는 거주민들에게 데이터를 제공하려는 노력을 하고 있다.
- 지역의 풍향과 풍속은 식물의 유형, 바다와의 거리, 물리적인 저항물과 그 표면의 거칠기 등에 영향을 받는다. 대부분의 경우 지역의 데이터가 제공되지 않으며, 이런 경우에는 데이터가 제공되는 가까운 지역의 데이터를 기초로 추정하는 방법을 사용한다. 다른 방법으로는 실제 Crystal Waters에 거주하는 주민들에게 묻는 방법도 있다.
- 사이클론이나 폭풍이 발생하는 지역은 건물의 구조를 특별히 강화하여 설계해야 하므로 피하는 것이 좋다. 사이클론은 많은 강우를 동반하기 때문에 그러한 지역에서는 방수재료를 사용하여야 하며, 높은 지역은 낮은 지역에 비해 강한 바람에 노출되어 있다.
- 기류는 무더운 날의 쾌적감을 위한 중요한 요소이며, 적절한 디자인을 통해 시원한 미풍을 이용할 수 있다.

(3) Water

- 식수는 각 주호의 지붕을 통해 해결하기 때문에 대지와 관계되어 있지 않으며, 식수 이외의 물은 하천(킬코이 계곡)에서 끌어올려 공동탱크에 저장하여 이용한다. 각 대지에 연결된 급수관은 각 주호의 utility line과 연결되어야 하며, 이 경우 급수관의 위치와 주호의 utility line의 위치에 주의를 기울여야 한다.(대지에 연결된 급수관과 주호의 utility line의 연결부분은 앞으로의 개발이나 보수의 용이성을 위해 대지의 소유자가 반드시 그 위치를 표시하여야 한다.)
- Crystal Waters에는 많은 인공호수와 댐이 조성되어 있다. 단지에 조성되어 있는 호수는 주간에 일사를 받아 열을 축적하고 야간에 열을 방출하여 그 지역의 미시기후를 온화하게 유지하는 효과를 제공할 수 있다.

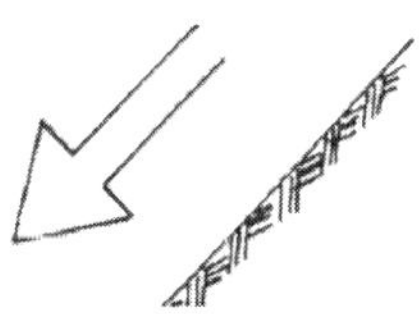

(4) Slope

- 대지의 경사는 주호의 건설방법, 접근의 용이성, 침식, 배수 등에 영향을 미친다. 이 네 가지는 대지의 경사 외에도 토양의 성질에 영향을 받는다.
- 대지의 경사를 증가시키면 대지를 조성하는 작업의 비중이 증가하며, 건설방법에 있어 선택의 폭이 줄어든다. 도로에서 대지로 진입할 때 경사가 1/6보다 가파른 경우에는 유지비용이 많이 들게 된다. 진입로의 경사가 1/4 이상일 때는 특별한 고려를 해야만 한다.

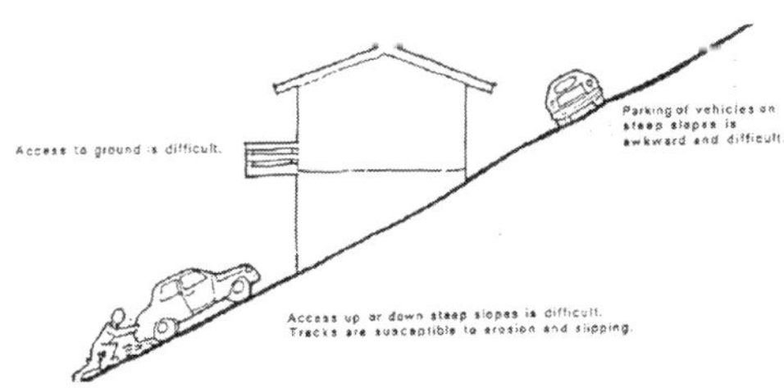

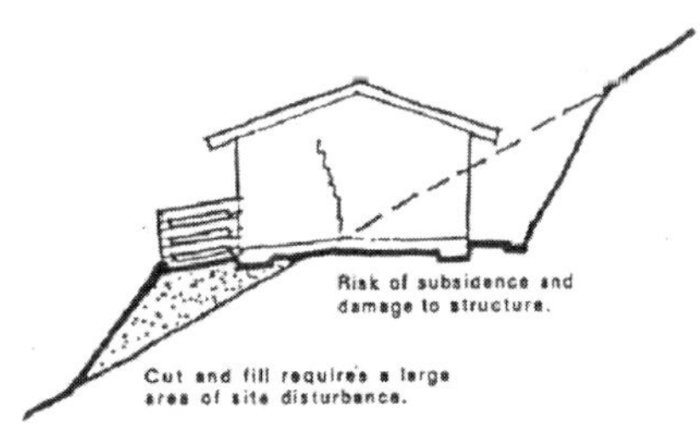

(5) Noise

- 현재 발생하고 있거나 앞으로 발생할 가능성이 있는 소음은 소음원을 제거하거나 대지 밖으로 나가지 못하도록 차단하여야 한다. 소음을 차단하기 위한 효과적인 방법은 소음원의 주

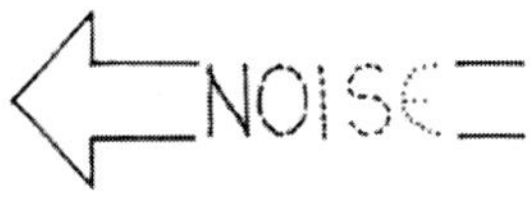

변에 나무를 넓게 심는 것인데, 이 경우 대지의 넓은 면적을 차지하게 되는 단점이 있다. 한편 대지의 경계부분에 둔덕을 조성하여 소음이 인접대지 밖으로 나가는 것을 방지하는 방법도 있다.

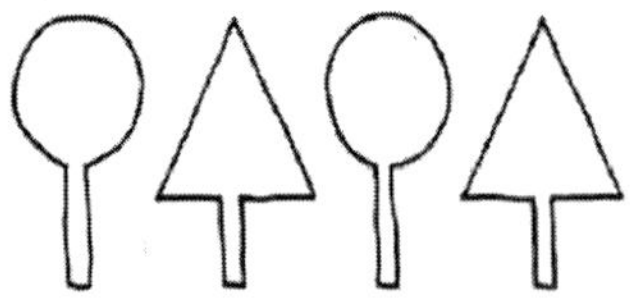

(6) Vegetation

- "숲 속에 위치한 집"은 많은 매력을 가지고 있지만 고려하여야 할 단점도 가지고 있다.
  - 나무나 나뭇가지가 부러져 떨어져 내리는 위험을 안고 있다.
  - 정원이나 과수원을 조성할 때 이미 존재하는 숲의 나무들에 의해 잘 자라지 못하는 경우가 있다.
  - 주변의 나무들에 의해 항상 그늘이 진다는 단점을 갖는다.
- 활엽수나 관목, 덩굴식물을 심는 것을 권장한다. 이러한 식물들은 여름에 그늘을 제공하며 겨울에 최대한의 일사를 유입할 수 있도록 한다.

구성요소	아열대 기후의 주거에서 고려하여야 할 요소
벽체	• 일사를 받는 벽체는 단열을 하여야 한다. • 경량의 벽체를 사용할 수 있다. • 일사를 받는 벽체의 재료는 태양광에 강한 재료를 사용하여야 한다.
지붕	• 사이클론에 의한 강한 바람을 견딜 수 있도록 지붕은 일정 경사를 가져야 한다. • 밝은 색의 지붕재료를 사용하여야 하며, 열이 흡수되지 않도록 충분한 단열을 하여야 한다.
천장	• 천장을 설치하는 것이 바람직하며, 단열을 하여야 한다.
마루	• 지면에 접하는 부분이나 마루를 지지하는 구조부위는 콘크리트를 사용한다. • 배수가 잘 될 경우에는 진흙으로 바닥을 만들 수 있다. • 지면과 접하지 않는 구조부위나 마루널은 보통 목재를 사용한다.
창문	• 자연환기가 가능하도록 충분한 개구부를 둔다.
단열	• 단열을 할 경우, 한여름이나 한겨울에 실내를 쾌적하게 유지하는데 도움을 준다.
vapor varrier	• 실내를 공조할 경우가 아니라면 필요하지 않다.
차양	• 하절기에 필수적이며, 활엽수 또는 덩굴식물 등을 이용하여 일사를 차단한다.
기타	• 적절한 배수계획이 필요하다. • 외부와 내부를 연결하는 형태인 베란다 등의 조성이 필요하다.
하절기 한낮의 기온 (25℃ - 30℃) 하절기 야간의 기온 (15℃ - 20℃)	동절기 한낮의 기온 (15℃ - 20℃) 동절기 야간의 기온 (8℃ - 15℃)

4. **건축 재료와 구조형태**

건축 재료를 선정할 때는 주변경관에 미치는 영향을 고려하여야 하며, 주변의 자연환경에 피해를 최소화할 수 있는 재료를 사용하여야 한다.

건축재료	장점	단점	환경에 미치는 영향	기타
흙	• 저비용 • 저방사성 • 절연체 • 열 저항 높음	• 지속적인 관리 필요	적음	방수처리 필요
콘크리트	• 적은 유지비용 • 빠른 시공 • 긴 내구연한	• 높은 가격 • 딱딱한 바닥	보통	방수처리 필요
슬레이트	• 긴 내구연한 • 재활용 가능	• 딱딱한 바닥 • 관리의 어려움 • 방사성 물질을 포함할 수 있음	지역에서 생산하는 경우 적음	방수처리 필요
목재	• 빠른 시공 • 저방사성 • 절연체 • 열 저항 높음	• 지면에서 띄워 시공해야 함	지역에서 생산하는 경우 적음	

Chapter 10

Building Guidelines

Permaculture 디자인을 위한 재료의 사용은 다음과 같은 가이드라인을 적용하는 것이 적당하다.

1. "건물에 적합한 재료의 사용은 환경의 영향을 최소화시키고(ex. 재사용이 가능하고, 자연으로 다시 돌아갈 수 있고, 공해가 없고, 그 지역에서 만들어지고, 내재에너지가 적게 사용된), 열환경의 측면에서 우수하고(ex. 축열과 단열), 저비용 이어야 한다."
   다음은 위의 목적을 달성하기 위한 실제의 데이터이다.

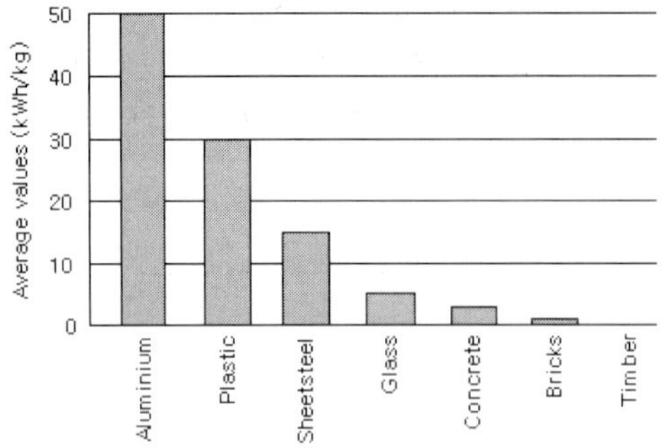

〈건물재료의 내재에너지〉

재료	내재에너지
Aluminium	50
Plastic	30
Sheet steel	15
Glass	5
Concrete	3
Bricks	1
Timber	0.1

2. 자성을 띤 철제지붕, 콘크리트 바닥, 철제틀 등의 재료는 바람직하지 않다. 조약돌, 나무, 잔디 지붕이 적당하다.
3. 부드러운 재료 또는 암면으로 단열하여야 한다.
4. 심리학적으로 안정된 재료, 즉 토양에서 나오는 점토와 흙과 같은 재료가 적당하다.
5. 사용되는 재료는 요소마다 숨을 쉬어야 한다. 물, 공기 등을 통과시키지 않는 막의 형태로 된 재료의 사용은 피해야 한다.(ex. 페인트, 알루미늄) 적당한 재료는 점토, 점토벽돌, 목재 등이다.
6. 물이 많이 사용되어 제조되는 재료는 피하라.
   (ex. 콘크리트, 석면)
7. 정전기를 발생시키는 재료는 피하라.
   (ex. plastics in paints, 카펫, 직물, 단열재)
8. 방사성 발생이 가능한 재료는 피하라 (ex. 모래)
9. 유해한 재료 또는 유해가스가 발생하는 재료의 사용은 피하라.
   (ex. Insulators, wood preservatives)

Chapter 11

Hints on Minimising the Cost of Building

1. 일반적으로 집의 디자인은 간단한 형태이어야 한다.
2. 대지의 건물계획
   - 가능하다면 주택의 주부분(ex. 필수 생활공간 - 요리, 세탁장소)을 먼저 계획하고 자금의 상황에 따라 필요한 공간을 추가하라.
3. 시공업자의 활동
   - 그 지역의 경험 있는 노동력을 이용하라.
   - 전기와 배수설비는 간단하게 하라.

- 작업자들은 전기 작업을 제외한 것을 수행하기 위해 고용되어야 한다.

4. 질이 높은 중고품을 이용하고, 건물계획 단계에서 이들의 사용을 Council에게 권장하라. 판매자로부터 재료비용을 비교할 때 상대적인 운반비도 포함하라.
5. 구워서 사용하는 블록보다 가능한 진흙 블록을 사용하라.
6. 비용이 많이 들지 않는다면, 눈에 보이는 외관 블록은 따로 사용하지 말고, 같은 블록을 사용하거나 색칠을 하라.
7. 어디든지 비싼 마감재의 적용은 피하라.
8. 경매 또는 대량 생산하는 제조업자로부터 욕조, 세면기, 싱크대 같은 항목을 구입하라.
9. 만약, 다른 공동체에서 노동자를 고용할 수 있다면 노동력을 싸게 할 수 있다. 가능하다면 기술력, 재료, 노동력은 서로 교환하는 것도 좋다.
10. 시멘트 혼합기, 확장 가능한 사다리, 발전기 등의 주 필수 기기들의 비용은 친구 혹은 이웃과 서로 공유하라. 들고 다닐 수 있는 제재용 톱과 진흙 블록 제작기계 또한 마찬가지이다.
11. 거주자에게 실제 필요한 공간 이상은 짓지 말라. 최소 허가된 면적은 60㎡이다.
12. 다른 공동체와의 협력으로 재료와 비품, 설비를 대량 구입하라.
13. Crystal Waters의 기후는 년 중 대부분 외부에서 살기에 적당하며 이러한 외부의 생활공간은 같은 크기의 건물에 비해 일반적으로 보다 싸게 시공될 수 있다.

Chapter 12

Miscellaneous Structural Damage

1. 건물 가까이에 있는 오래된 나무뿌리에 의해 기초와 배수장치 배관이 밀려 올려질 수 있으니 조심하라. 특히 3m 이상 성장한 나무는 이러한 현상을 야기시킬 수 있다.
   다음의 예는 가능성을 줄 수 있는 나무이다.
   - 무화과나무, 버드나무, 소나무, 대나무
2. 폭풍우에 의해 나뭇가지가 떨어질 수 있으므로 큰 나무로부터 피해를 보지 않으려면 충분한 거리가 확보된 곳에 집이 위치하여야 한다.

Chapter 13

Insects

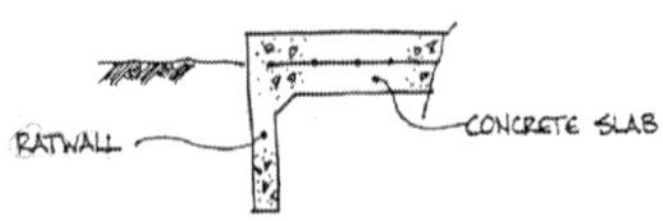

1. 흰개미 등의 공격에 의한 영향을 줄일 수 있는 나무의 종류를 선택하는 것은 이에 대한 피해를 줄 일 수 있는 좋은 방법 중 하나이다.(ex. cypress pine and turpentine)
2. 피해를 줄이기 위해 목재의 규칙적인 관리를 항상 해야 한다.
3. 피해를 줄 수 있는 곤충이 있는 지역에는 건물을 피하라.
4. 곤충이 살고 있는 나무는 장작으로 사용하라.
5. 파리와 모기의 문제를 줄이고 싶다면, 열 수 있는 창과 문 또는 연못 주위는 피하고, 거름더미를 멀리해서 집을 지어라. 또한, 현관 가까이에 있는 외부 인공조명은 피하라.
6. 집 주위, 특히 문이나 창문 주위에 곤충이 살 수 없는 풀을 심어라.
7. 기초와 콘크리트 슬래브 아래에 쥐의 보금자리를 피하기 위해서는 땅 밑 rat walls의 설치가 필수이다.
8. 살충제와 살균제의 사용
   살충제의 종류에 따라 사용이 바람직하지 않은 경우도 있다.
   다음 표의 살충제는 8~9의 생태율(ecology rating)을 보여준다.[15]

common / trade name	Oral LD 50[16] mg/kg	Dermal LD50 mg/kg	comments	withhold period	ecology rating
Lime sulphur	N.A.	N.A.		nil	8
derris	25~132	940~3000	toxic to fish	1 day	8
white oil	N.A.	N.A.		1 day	8
pyrethrum	570	1300~5400	toxic, most insects, incl. bees	1 day	8
quassia chips	N.A.	N.A.	also to eradicate lice	nil	9
rotenone	25~132	940~3000	toxic to fish	1 day	8
dusting sulphur	N.A.	N.A.		nil	9
tartar emetic	N.A.	N.A.	don't use on food crops		8
bordeaux mixture	1000~2000	2000	toxic to worms and fish	1 day	8
copper oxychloride	Low	Low	toxic to worms and fish	1 day	8

15) 이 비율은 1~10으로 구분되어 있으며, 숫자가 10일 경우 가장 안전하다.

16) LD 50 : Oral LD50과 dermal LD50은 유독성 평가기준이다.
실험결과에 따르면 LD 50이 동물에 사용된다면 50%는 죽을 가능성이 있는 혼합물로 되어 있다.

Chapter 14

Privacy

1. 거주자의 사생활을 위하여 울타리를 치거나 나무를 심는 방법과 같이 자연적이고 조화된 칸막이를 사용하라.
2. 사생활을 위한 옥외공간을 가리기 위해 안마당을 만들어라. 사생활을 위해 이웃을 소중히 생각하고, 집의 대지와 다른 이웃에 영향을 미치는 건물과 칸막이의 배치에 대해 이웃과 협력하라.
3. 지붕만 있는 간이 차고를 입구에 두는 것도 좋다. 주변과 통합적인 건물을 계획하여야 한다.

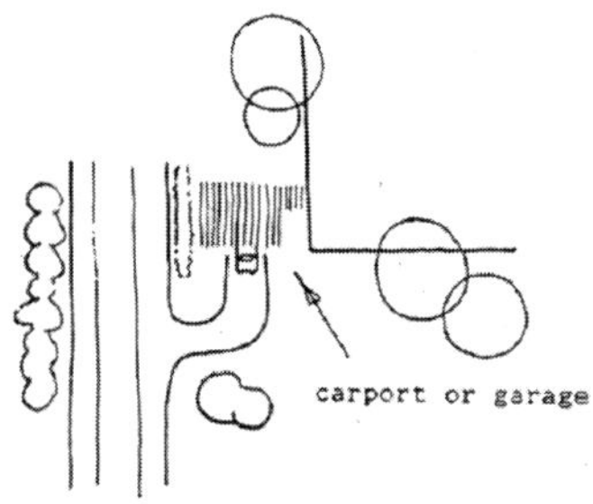

Chapter 15

Water Conservation

1. Crystal Waters에서 사용되는 물은 모든 지역에 그물 모양으로 펼쳐져 있다.
2. 물은 Kilcoy 계곡과 Scrub Creeks에서 90,000리터로 된 3개의 콘크리트 물탱크에 펌프로 퍼 올려 다. 전기로 작동되는 펌프에는 값이 싼 피크 전력[17]이 사용된다. 이곳의 모든 탱크는 자동으로 제어되는 펌프를 이용한다.
3. 이 물탱크에서 11개의 작은 저장탱크(22,500리터)로 중력에 의해 흐른다. 이렇게 Crystal Waters에서 저장되는 용량은 모두 500,000리터가 넘는다.
4. 배관은 모든 주거지(lot)의 저장탱크로 연결된다. 이 물은 나무의 성장과 동물을 위한 여러 가지 목적에 이용된다.
5. 하지만 이 시스템에는 한계가 있다. 한 주거지에서 쓰는 하루의 물은 1,000리터 이상이다. 각각의 저장탱크는 약 5일의 저장용량을 가지고 있다. 따라서 이들은 사람들이 물을 절약하여 사용하기를 바란다.

   "Water doesn't come from taps"
6. 물의 절약
   - 중수(목욕, 씻고 난 후의 물을 포함하여)를 모으는 탱크에서 나온 물은 정원에 이용될 수 있다.

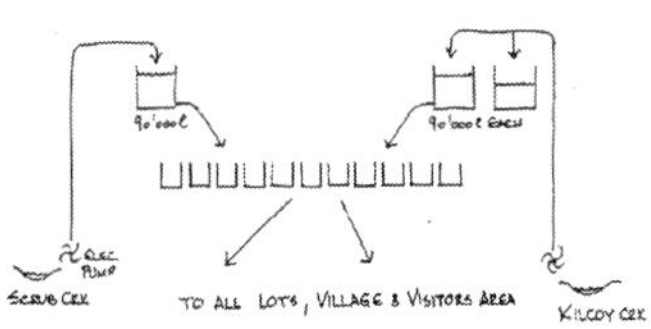

17) 피크 전력의 시간은 오후 9시이다.

- 물의 사용이 없는 시스템(ex. 건식 복합화장실)으로, 물탱크의 크기를 줄임으로써 화장실의 크기를 줄일 수 있다.
- 일반적으로 정원에 물을 대기 위해, 작은 용량의 배관시스템을 이용하라.
- 요리를 만들거나, 마시거나, 목욕을 위해 빗물을 저장하라.

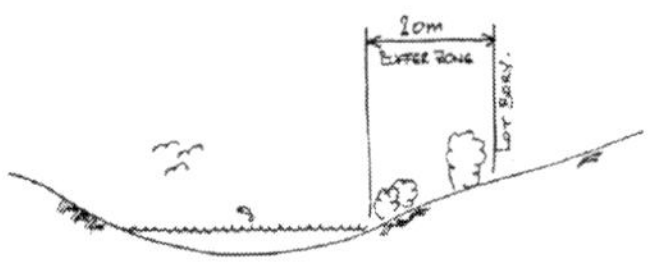

7. Crystal Waters에서는 완충공간(buffer zones)을 계획하고 있다. (연못의 수면에서 수평으로 20m의 범위 확보) 이것은 홍수가 나더라도 집안까지 물이 들어오지 않게 한다.

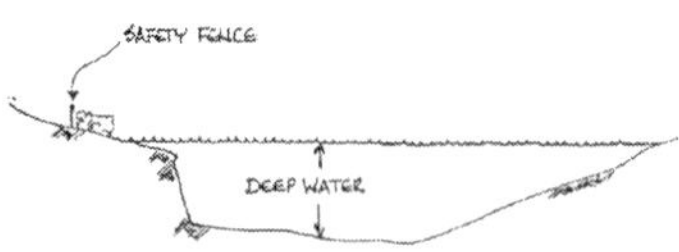

8. Crystal Waters에는 Mary River와 Kilcoy, Scrub Creeks와 17개의 댐이 있다. 이것들은 많은 이득과 함께 물 공급을 가능하게 한다.
9. 최고의 중요점은 모두를 위해 안전해야 한다는 것이다. 위험한 것은 고려되고 배제되어야 한다. 아이들은 항상 감시되어야 한다. 물 가까이 있는 것은 위험하다.

10. 그들은 깨끗한 물을 접하기 위한 행운아이다. 이곳의 저수지에는 모두 완충공간이 있다. 이것은 자연적인 여과작용을 하는 완충공간이다.
11. 이들은 댐에 어느 누구도 기름을 붓는다고 생각하지 않는다. 그러나 기름통이 새어 사고가 발생할 수도 있다.

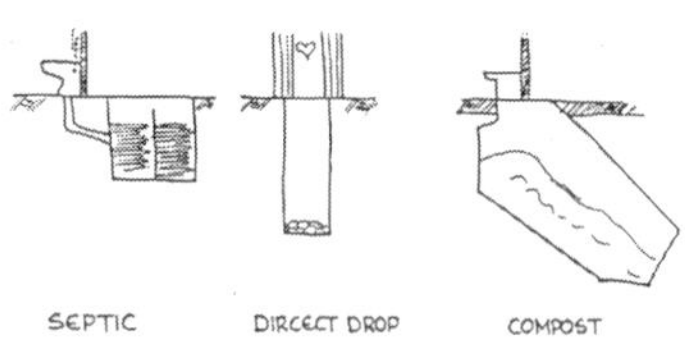

12. 그들은 부패성 시스템이라 할 수 있는 복합화장실을 선택한 거주자의 수가 많은 것을 기쁘게 생각한다.
13. 잠재적으로 유독한 물질(가솔린, 등유, 기름, 페인트, 페인트 희석제, 세제)을 제거해야 한다. 만약 사고가 발생한다면, 흙을 오염시키는 오염 물질을 즉시 제거하라.

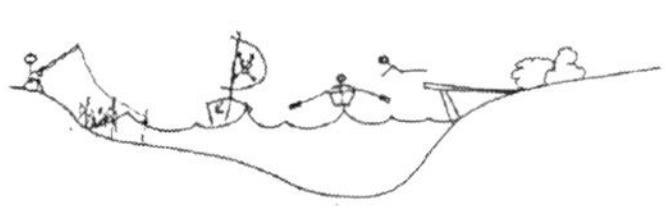

14. 물을 이용하는 스포츠
   수영, 노젓기, sail boarding, walking on water 등 모터가 없는 배를 이용해야 한다.
15. 관개
   이곳에서는 4헥타르의 대지에 물을 대기 위해 Mary River로부터 물을 퍼 올리고 있다.

Chapter 16

Domestic Energy Consumption

한 가족이 이용하는 전기량은 평균 2,000와트를 넘지 않는다. 이것은 일반적인 시골의 사용량보다도 적은 것이며, 이는 이들의 습관에 약간의 변화를 요구하였다. 실제 이용하고 있는 전기제품의 와트는 다음과 같다.

Large Hotplates	2100 Watts (T)[18]
Small Hotplates	1250 Watts (T)
Oven	2500 Watts (T)
Coffee Percolator	750 Watts
Food Processor	500 Watts
Food Mixer	135 Watts
Refrigerators(140~200 liters: one door manual)	150 Watts (T)
Refrigerators(380 liters; 2 door automatic)	400 Watts (T)
Washing Machines(Twin Tub)	500 Watts
Washing Machines(Automatic)	900 Watts
Fan	110 Watts
Radio	20 Watts
Record Player	60 Watts
Sewing Machine	120 Watts
Television B/W	120 Watts
Television Colour 35cm	200 Watts
Home Computer	100 Watts
Vacuum Cleaner	1000 Watts
Lighting(Incandescent: the usual variety)	40~100 Watts
Lighting(Fluorescent)	40 Watts

1. 이와 같은 기기는 동시에 사용되는 것이 아니라 부분적으로 사용된다. 대부분의 기기는 열을 조절하는 on/off 스위치가 있다. (ex. 다리미, 히터, 스토브, 가스레인지)
2. 전기에너지 외의 다른 에너지를 사용할 수 있다.
   - 난방 : 가스, 나무
   - 옷 건조기 : 태양
   - 온수 : 태양, 가스
3. 만약 한 가정에서 전기 사용량이 얼마 되지 않는다면, 태양시스템을 주 전력으로 사용해야 한다. 광전지의 이용은 조명과 작은

18) (T)는 온도조절장치에 의해 제어되는 기기이다.

기기에 효과적이다.

4. 충전지와 변환장치를 포함한 대규모의 광전지 시스템을 설치하는 것은 경제적, 환경적으로 문제가 될 수도 있다.
5. 물을 가열하기 위한 태양온수시스템 또는 열교환기와 복합된 시스템, 가스온수시스템은 고려해 볼 필요가 있다.
6. 천천히 가열되는 온수파이프는 열 성능이 뛰어나고 싸다.
7. 자연적인 태양열 획득기술의 계획은 봄과 가을 그리고 매우 춥지 않은 겨울기간의 난방 시 특별한 기기를 설치하지 않아도 되게 한다.

Chapter 17

Waste Disposal

1. 우리는 자신들이 소모한 쓰레기 처리 문제에 대해 책임을 져야 한다. 매장을 위한 대지는 소각 진행 과정에 의해 선택될 것이다. 이 대지가 어느 장소에 선택되든지 이들은 처리해야 할 쓰레기의 양을 최소화시킬 것이다.
2. 대단히 많은 쓰레기는 재활용될 수 있다. 서로 다른 종류의 쓰레기 분리는 각자의 집에서 시작된다. 퇴비로 이용할 수 있는 부엌의 모든 쓰레기는 통에 담아 두는 것이 유익하다. 이 통에 재(세균에 의한 박테리아의 유독한 성분)와 진공청소기(중금속을 포함할 가능성 있음)에서 나온 쓰레기는 포함하지 말라. 그러나 먹다가 버린 야채, 화초 같은 것은 퇴비로 쓰기에 좋다.

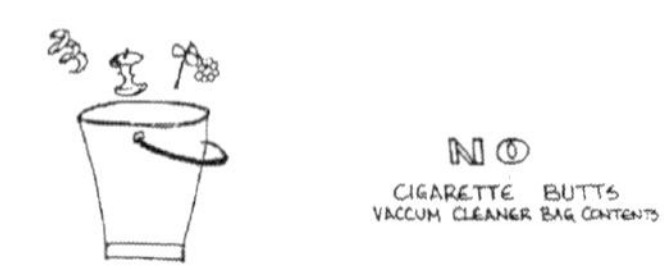

3. 유럽의 여러 나라는 벌레를 이용하여 유기적인 쓰레기로 바꾼다. 벌레의 역할은 여기서 매우 효과적이다. 이것의 유리한 점은 작은 공간에서도 이용이 가능하고 마지막까지 훌륭한 성과를 만들 수 있다. 물론, 모든 종류의 벌레가 이용될 수 있는 것은 아니다. 이러한 쪽에 효과가 있는 특별한 벌레가 있다.

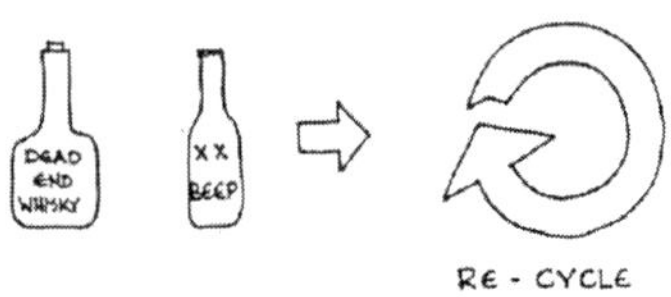

4. 빈 병은 직접 재사용 하거나, 상인에게 팔아 약간의 에너지를 절약할 수 있다.
5. 이 마을에서 버려지는 모든 금속은 용기(container)에 모은다. 서로 다른 종류의 금속은 분리시켜야 하며, 이 통에 넣기 전에 씻어야 한다. 알루미늄 같은 비싼 금속의 재활용은 비용 측면에서 중요하다.
6. 신문을 포함하여 색깔이 없는 종이는 재활용될 수 있다. 색깔 있는 종이는 포장을 위한 목적에 사용될 수 있다. 신문은 잡초

를 억제시키기 위해서 정원이나 나무의 뿌리를 덮는 것으로 사용할 수 있다.

7. 젖거나 더러운 소량의 종이는 퇴비로도 사용할 수 있다.
8. 오랫동안 기계류, 자동차, 목재, 금속을 축적시키는 것은 바람직하지 않다. 이 모든 곳은 모기와 뱀, 벌레의 번식장소이다.

Chapter 18

Fire Risk

1. Crystal Waters는 모든 거주지와 마을 곳곳에 소방 설비가 설치되어 있다. 건물 안에서의 화재방지에 대한 전략은 모든 연소장치를 특별 관리하고, 굴뚝같은 것을 깨끗하게 정리하고, 타기 쉬운 재료와 분리하여 관리하고 있다.
2. 건물의 외부에는 연소에 저항할 수 있도록 액이 많은 나무를 자라게 해야 한다.
3. Fire fighting

   소화전은 각 각의 주거지(lot)에 있거나 또는 주위에 있다. 집이나 잔디에 불이 붙는다면 소방 감독자를 통하여 물을 펌프로 퍼올릴 수 있게 한다. 이 펌프는 가솔린으로 작동되며, 호수와 노즐이 갖추어져 있다. 또한 이 소화전은 보다 쉽고 간단하기 때문에 빠르게 작동될 수 있다. 소방훈련은 이곳에서 정상적인 사람이라면 모두 받아야 한다.

THE BODY CORPORATE AND THE BY-LAWS

Body Corporate[19]와 공동체 규약에 저촉되지 않는 모든 토지소유자들은 Body Corporate 일원이 된다. Body Corporate는 내규를 시행해야 함과 동시에 토지의 공유재산권자들은 공유재산의 관리 · 감독하여야 한다.

이러한 관리 기능을 촉진시키기 위하여, Body Corporate는 해마다 위원회를 선출한다. 현재는 위원장, 사무국장, 회계 담당자를 포함하여 7인의 위원으로 구성되어 있다. 또한 Body Corporate는 내규에 열거된 다양한 임무를 수행할 관리인을 고용한다. 관리인의 임무는 도로와 울타리의 유지 보수, 댐 관리, 상수도 운영과 토지활용처럼 합의된 방침의 이행 등과 같은 사안들을 다룬다.

이러한 일련의 작업비용의 기금을 위한 신탁재산의 관리자금은 토지소유자들에게 매해 세금을 부과한 수입으로 설립된다. 마찬가지로 장래 부채를 위한 상환기금 또한 세금으로 마련된다. 때때로 길가에 나무심기와 같은 특별 항목을 위한 부가세가 할당되기도 한다.

COMMUNITY MANAGEMENT STATEMENT

PRINCIPLES OF SCHEME

Crystal Waters Vision Statement

하나의 공동체로서 우리는 각각의 차이점을 존중하며 화목한 관계를 유지할 수 있는 방법을 강구하기 위해 전념할 것이다. 우리의 비전은 서로를 존중하고 예의를 지키며 함께 일하는 과정을 통해 Crystal Waters가 상호 배움의 터전이 되는 것에 있다. 우리의 목표는 자연생태계를 안정되게 유지하는 것이다. 우리는 환경을 위한

19) 현재 Crystal Waters는 The Body Corporate라는 법인체를 설립하여 자체 내규를 만들어 공동의 재산 관리 및 공동체를 운영하고 있으며 매년 대표들을 뽑아 Body Corporate 운영을 하고 있다. 주요한 의사 결정 내용은 다음과 같다.
1) 주민공동센터 건립
2) 한 해의 주요 사업
3) 예산의 수요 · 지출
4) 공동체의 전반적인 관리

생활방식, 역할분담 그리고 차세대를 위한 환경보호와 더불어 환경파괴 없이 지속될 수 있다는 하나의 본보기로써의 실연에 관심을 갖는다. 우리는 이러한 방침을 반영하여 식량의 자급자족이 가능토록 장려할 것이다. 우리의 토지사용은 야생 동식물의 서식처를 증대시키는데 목적이 있다.

우리는 우리 마을의 공동체 생활방식에 관심이 있는 방문객들을 환영하며, 배움의 터전을 창출하기를 원한다. 우리는 Crystal Waters 윤리를 바탕으로 한 생활을 장려하고, 상호 보완적인 경제활동을 인정한다. 우리는 사생활을 보장할 수 있는 평화롭고 조용한 환경을 유지할 것이다.

우리의 공동체 방침과 일련의 절차들은 형평성, 통일성, 공평성을 가지고 전개될 것이다. 우리는 다음의 가치들을 지지하고 공동체 설립의 기틀을 지키기 위해 서로서로 후원하고 장려할 것이다.

BYLAW 1 소유자의 의무

소유자나 Co-op 임차인은 반드시 주거지의 거주자에게 임대차 계약서 또는 거주 약정의 일환으로 다음 내규의 사본을 제공해야 한다. 소유자나 Co-op 임차인은 그들의 거주자가 다음의 내규를 반드시 따라야 함을 인지시킬 책임이 있다. 비거주자인 주거지 소유자일지라도 소유자로써 모든 내규에 관한 책임과 의무를 똑같이 갖는다.

BYLAW 2 CO-OP 임차인

Crystal Waters Community Co-operate社가 발행한 임대차 계약서의 조항에는 Co-op 임차인도 주거지 소유자가 누릴 수 있는 것과 같은 권리와 의무를 양도 받을 수 있음을 인정한다고 명시되어 있다. 이 말은 곧 Co-op 임차인은 세금과 지불요금에 대한 책임과 더불어 Body Corporate 총회에서 그들 자신을 대표할 발언권과 투표권이 있음을 의미한다.

BYLAW 3 방문객

거주와 상관없이 모든 주거지 소유자는 물론 방문객 역시 내규를 따라야 하며 그들이 공유재산에 손실을 입힌 경우에는 반드시 Body Corporate에 변상해야 한다.

BYLAW 4 관리인

4.1 Body Corporate 위원회가 임명한 관리인은 Body Corporate 대리인 자격과 동일하므로 방문객과 거주자들이 내규에 따르는지를 항상 관리·감독할 의무가 있다. Body Corporate 위원회는 Body Corporate의 일부 또는 모든 권한을 관리인에게 위임할 수 있으며 또한 언제라도 철회할 수 있다. Body Corporate 위원회는 관리인으로 임명된 자가 임무를 수행하도록 원조할 의무가 있다. Body Corporate 위원회는 기존의 관리인이 잠시 쉬거나 관리인 자리가 공석이 되었을 시에는 그 임무를 대신 수행할 임시직 관리인을 고용할 수 있다.

4.2 만약 언제라도 관리인 자리가 공석이 되거나 그들의 계약이 종결되었을 때 혹은 임시직 관리인조차도 임명되지 않을 때에는 관리인에 대한 모든 위임은 Body Corporate에서 처리한다.

4.3 관리인은 거주자 또는 그들의 방문객이 내규를 어길 경우 이를 해결해야 한다. 만약 거주자가 처분을 따르지 않고 계속 행동할 경우에는 Body Corporate 위원회가 중재와 처분을 내릴 수 있도록 다른 관리인 또는 그 거주자에게 이 문제를 반드시 언급해 주어야 한다. 만약 다툼이 발생하면 Body Corporate 위원회는 중재안을 강구할 것이다.

4.4 관리인은 거주자들로부터 의심스런 위반사항에 대해 보고받는 즉시 :

a) 보고된 위반사항에 대해 착수한다.

b) 관련 당사자에게 위반 행위를 중지할 것을 요청한다. 그리고 그 문제를 법인 위원회에 조치해 줄 것을 회부한다.

4.5 만약 그 문제가 내규의 결함과 관련된 것으로 Body Corporate 위원회가 적절한 대응을 하지 못하여 문제가 해결되지 않을 경우, 위원회는 공동체 관리법에 따라 총회를 소집할 것이다.

4.6 거주자 또는 방문객은 관리인의 서면 동의서나 허가 또는 Body Corporate가 발급한 면허증 없이는 공유지 내에서 사냥을 하거나 덫을 놓아서는 안 된다.

4.7 공유지 내에 있는 모든 나무 또는 주거지 내 70cm가 넘는 나무를 제거하기 전, 거주자는 반드시 관리인의 서면 동의서를 받아야만 한다.

4.8 관리인은 방문객 또는 초대받은 않은 손님이 내규에 어긋나는 행동을 하거나 적절하지 못한 행동을 할 경우, 소유지를 떠나 줄 것을 요청할 수 있다.

BYLAW 5 주거지와 공유지의 이용

5.1 거주자는 주거지와 공유지 안에서 맹인견을 제외한 고양이와 강아지를 키울 수 없다.

5.2 소유자/Co-op 임차인은 모든 Body Corporate 방침을 준수해야 하며, 해로운 식물과 해충 박멸에 따라야 한다.

5.3 주거지 또는 공유지 안에서 소화기는 허용되지 않는다. 오직 관리인 또는 Body Corporate가 지정한 소화기를 다룰 줄 아는 사람에게만 소화기가 허용되며, Body Corporate의 의무 수행 시에만 사용이 요청될 것이다.

5.4 공유지를 개조하는 행위 전에는 Body Corporate 위원회나 그들이 선정한 책임관에게 허가를 구해야 할 것이다.

5.5 거주자는 타인의 주거지 또는 공유지를 적법하게 사용할 권리를 침해해서는 안 된다.

5.6 거주자는 타인의 적법한 공유지 사용 또는 타인의 진입을 차단해서는 안 된다 :
(a) 공유지 또는 모든 법인 자산
(b) 주거지 또는 공유지의 진입을 위한 모든 지역

BYLAW 6 토지 관리 방침

6.1 Body Corporate는 토지 관리 방침을 규정해야 한다. 그 토지 관리 방침은 토지를 공유하고 관리하는 방법들을 명시한다. 토지 관리 방침의 취지는 삶을 기록하고, 공동체와 토지의 필요에 따라 삶을 변화시키고, 발전시키는데 있다. Body Corporate 위원회 또는 지정된 단체는 수시로 토지 관리 방침을 재심할 것이다. 이 방침을 변경할 때에는 Body Corporate 총회 특별 전담반의 승인이 필요하다.

6.2 거주자들은 토지 관리 방침의 개괄적인 숙지와 더불어 토지 관리 방침이 자연경관, 환경보호, 산림업, 농업, 축산업, 양식업과 어떻게 밀접한 관련을 맺는지 살펴보아야 한다. 개인의 목적을 위해 공유지를 사용할 때에는 공유지 보호에 주의해야하며 토지 관리 방침에 따라야 한다.

6.3 토지 사용 허가 승인을 얻기 위해서는 토지 관리 방침의 규정대로 Body Corporate 총회에 승인을 상정하고, Body Corporate 관할 전담반의 표결에 부친다.
허가를 받고서 3년이 지나면 토지 사용 허가는 토지 관리 방침의 절차에 따라 갱신하여 3년을 더 연장할 수 있다. Body Corporate 위원회는 토지 관리 방침에 따라 허가를 갱신할 수 있으며 총회 또한 갱신에 관한 결정을 할 수 있다. 총회에서 결정을 내린 허가의 갱신은 관할 전담반의 표결을 거친 법안과 같은 효력을 갖는다.

6.4 거주자는 Body Corporate 위원회의 서면 동의서 없이는 부지나 공유지 내에 동물을 기르거나 데려올 수 없다. 단, 식용 사육 조류와 기니피그를 포함한 작은 동물은 제외 대상이다.

BYLAW 7 서비스와 서비스 기반시설

수질관리자는 Crystal Waters의 모든 수질, 전기, 전화 서비스의 마스터플랜을 수행해야 한다.

거주와 상관없이 부지 소유자는 반드시 :

a) 위의 서비스에 영향을 끼칠 수 있는 일을 착수하기 전에 수질 관리자와 교섭해야 한다.

b) 위의 서비스를 파손시키거나 Body Corporate에 조금이라도 손해를 입히게 될 때에는 즉각적인 보고를 해야 한다.

c) 위 서비스의 과부하를 방지해야 한다.

d) 주거지의 수질 시스템을 개조할 때 드는 모든 비용을 Body Corporate에 지불해야 한다.

BYLAW 8 개인 묘지 제도

8.1 Body Corporate는 Caloundra 시의회와 개인 묘지와 관련된 모든 법에 위배되지 않는 공유지에는 개인묘지를 유지할 수 있다

8.2 소유자/Co-op 임차인 또는 소유자나 Co-op 임차인의 직계 친척, 배우자, 사실혼 배우자, Crystal Waters에서 5년 이상 거주한 모든 사람은 Crystal Waters에 개인 묘지를 가질 수 있다.

8.3 Body Corporate는 적절하다고 판단되는 경우, 기념비나 비석을 세울 수 있도록 하기도 하며 유족이나 고인의 친구를 묘지에 매장할 수 있도록 허가를 하기도 한다. 그에 상응하는 비용은 가족이나 친구가 지불해야 한다.

8.4 Body Corporate는 개인 묘지의 매장 가격을 책정할 수 있다.

BYLAW 9 교통 법규

9.1 주자 또는 모든 방문객에게 다음 사항을 금지 한다 :

a) 공유지 내에서 시속 40Km를 초과하는 운전

b) 공유지 내에서 무면허 운전 또는 교통법의 조항을 위반하는 태도

9.2 내규 9.1 (b)는 교통법과 관련된 사항 또는 모든 도로 교통법과 연관된 사항을 일컫는 것이다. 그러나 기계적으로 결함이 없는 농기계 또는 대체 에너지로 움직이는 운송기구가 다른 내규에 위배되지 않고 안전하게 이동하는 상황은 해당사항에서 제외된다.

9.3 공유지 내에서 보행자, 자전거, 동물은 우측통행을 하여야 한다.

BYLAW 10 주차와 물품의 보관

10.1 거주자는 본인의 주차는 물론이고 최대 일주일까지 타인이 주차할 수 있도록 허가할 수 있다. 공유지 또는 Crystal Waters 내부 도로의 측면을 따라서 자동차의 주차 또는 물품 보관을 할 수 있다. 만약 다음의 행동들을 하지 않는다면 :

a) 자동차나 보행자의 통행 시, 내부 도로의 시야를 방해하는 행동 ;

b) 자동차나 보행자의 안전한 도로 통행을 방해하는 행동 ;

c) 주거지나 분기점의 진입을 방해하는 행동 ;

d) 어떤 방식으로든 도로를 훼손하는 행동 ;

e) 위험한 상황을 부르는 행동 ;

f) 불편을 초래할 때에는 Body Corporate 위원회 또는 Body Corporate가 지정한 기관 그리고 불편을 야기하는 내부 도로에 인접한 거주자에게 서면으로 먼저 알려야 한다.

10.2 일주일을 초과해야 할 경우, 지정된 기간 내에 관리인의 허가를 받아야 한다.

10.3 거주자의 폐기물 또는 관리인의 서면 동의가 없는 물품은 10.1의 예외로, 공유지에서의 보관을 금지한다.

BYLAW 11 간판, 표지판

거주자는 Body Corporate의 사전 서면 동의서 없이는 공유지 내의 어떠한 곳에도 간판이나 표지판을 세울 수 없다. Body Corporate는 공유지 내에 동의 없이 세워진

간판이나 표지판을 제거할 수 있다. 제거 비용은 관련된 거주자가 부담해야 한다.

BYLAW 12 식수

소유자/Co-op 임차인은 반드시 주거지에 주거를 건축해야 하며, 식수 공급을 위한 빗물 탱크를 설치해야 한다. 망상 급수 설비는 식수용으로 사용되어서는 안 된다.

BYLAW 13 화재 관리

13.1 거주자는 주거지 또는 공유지에서 가정용을 제외한 가연성의 액체나 자재의 사용 전 또는 저장 전에 반드시 관리인의 서면 동의서를 얻어야 한다.

13.2 거주자는 주거지나 공유지 내에서 피울 불이 직경 2m보다 클 때에는 반드시 화재 관리자(관련법의 근거 하에 명시된 사람)의 서면 동의서를 구해야 한다. 작은 불씨라도 관리인의 허가 없이 공유지에서 점화되어서는 안 된다.

13.3 거주자는 그들의 주거지 내에서 화재의 위험을 줄일 책임이 있다. 거주자는 반드시 Body Corporate의 모든 규칙을 준수해야 하며, 화재 위험 사고 예방 절차에 진술된 명령과 지시를 따라야 한다.

13.4 Body Corporate는 거주자에게 정식 경고를 할 수 있으며, 화재 위험의 감소를 위해 주거지를 점유할 수도 있다. 만약 거주자의 부주의한 과실로 인해 일련의 조치가 취해질 때에는 관련 주거지의 거주자가 그에 수반되는 비용을 지불해야 한다.

BYLAW 14 화학약품의 사용

거주자는 오로지 유기농 생체 역학 농산물을 위한 최신의 Australian National Standard(호주 국립 표준)에 따른 농약과 농업 원료만을 사용해야 한다. 거주자는 화학약품의 사용과 보관, 그리고 호주 국립 표준에 포함되지 않은 원료에 관해서는 관리인에게 반드시 서면으로 된 허가서를 받아야 한다. 관리인은 화학약품의 사용 허가에 대해서 먼저 심사숙고한 후, Body Corporate에 제안을 요청해야 한다. 관리인 또는 Body Corporate는 이 제안을 21일 동안 공시할 것이며, 허가서를 승인하기 전에 의뢰를 재검토할 것이다.

BYLAW 15 흰개미 박멸

만약 거주자가 흰개미 퇴치를 위해 건축물에 유기농 생체 역학 농산물을 위한 최신의 Australian National Standard(호주 국립 표준)에서 승인받은 화학약품 이외의 다른 화학약품을 사용할 계획이라면 그들은 Body Corporate의 허가를 구해야 한다.

BYLAW 16 토지 점유권

16.1 Body Corporate는 거주자, 출입허가를 받은 노동자, 권한을 부여받은 대리인, 그리고 생활필수품 등에는 토지의 점유 및 출입을 인허하는 합당한 통지서를 교부할 것이다.

a) 상수도 관련 보수작업 및 공사에 착수할 때

b) 마리화나 및 Body Corporate 위원회가 명기한 유해한 잡초와 해충을 박멸할 때

16.2 내규 16.1에 관련된 응급 상황 시에는 굳이 허가서가 필요하지 않다.

16.3 만약 거주자의 과실로 인해 16.1에 관련된 공사에 착수할 때에는 그 조치에 수반되는 모든 비용을 관련 주거지의 거주자가 부담해야 한다.

16.4 이 내규에 따라 권리를 행사할 때, Body Corporate는 거주자에게 다소간의 불편을 주게 되는 상황이 필요함을 반드시 확실하게 공지해야 한다.

BYLAW 17 강제 징수

Body Corporate는 다음 사항과 관련하여 강제징수할 수 있다.

a) 소유사나 Co-op 임차인이 법인에 지불해야 할 세금 또는 지불 채무금이 있을 때

b) 내규에 의거한 거주자의 의무 이행 시 또는 거주자나 거주자의 방문객이 내규를 위반했을 때

BYLAW 18 통지

Body Corporate의 공유지에는 법적 효력을 띤 모든 공지사항이 게시된다. 거주자는 이를 반드시 따라야 한다.

BYLAW 19 이자

Body Corporate는 소유자나 Co-op 임차인이 Body Corporate에 지불해야 할 미납 세금 또는 지불 채무금이 있을 경우, Body Corporate 총회의 통상 결의에서 결정된 연이율로 청구하거나 회수할 수 있다

BYLAW 20 Body Corporate 사무국장

20.1 Body Corporate 사무국장은 기존의 자료 유지 및 최신 자료로 업데이트할 의무 또는 파일 보관의 의무가 있다.

a) 현행 공동체 운영 계획안 ;

b) 현행 토지 관리 방침

c) 현행 중인 그 밖의 다른 방침 ;

d) 승인된 경상지출비와 상환 기금을 당해 회계 연도의 예산대로 실행 ;

e) 모든 의안의 주민 발의는 회계연도 안에 끝마쳐야 함 (다른 모든 예산 지출 품목을 포함)

f) 모든 유효한 현행 결의안

20.2 Body Corporate 사무국장은 위의 자료 목록을 미리 준비하고 Body Corporate 게시판에 공지할 것이다.

BYLAW 21 공시

21.1 Body Corporate 사무국장은 소유자/Co-op 임차인에게 정부의 각 부처, 부동산 업자 및 중개인, 토지 계획 입안과 관련된 공시를 송달할 의무가 있다. 이 공시는 수령된 지 이틀 이내로 모든 소유자/Co-op 임차인에게 송달될 것이다.

21.2 소유자/Co-op 임차인은 부동산 상속세 청구와 지불에 대한 공시 사본을 획득할 수 있다.

21.3 Body Corporate 위원회는 Body Corporate의 우편함을 반드시 최소 주 3회 이상 확인해야 할 의무가 있다.

BYLAW 22 Body Corporate 위원회의 보수

Body Corporate 위원회의 일원, 특히 행정 집행 임원직은 직무를 수행하는 동안 Body Corporate의 통상 결의에 따른 적정한 선에서 일정한 보수를 받을 것이다.

참고문헌

Bill Morison, Introduction to Permaculture, Tagari Publication, 1991

Hildur Jackson, Karen Svensson, Ecovillage Living, Green Books, 2002

David Holmgren, Permaculture, Holmgren Design Services, 2002

Crystal Waters Permaculture Village Guide, Barry Goodman, 2004

양병이, 생태마을을 조성하기 위한 생태계획 및 설계, 녹색서울, 1998

이병철 외, 인간과 자연이 함께하는 생태마을 길잡이, 녹색연합, 2000

이재준, 대안주거지로서의 생태마을 · 생태공동체, 도시와 빈곤, 2000

김귀순, 세계의 생태마을을 찾아서, 누리에, 2003

임경수, 퍼머컬처 가이드북, E-Jang, 2003

노현숙 외, 구병리 생태마을 공간특성 및 조성 기법에 관한 연구, 한국도시설계학회, 2004

조연희, 생태마을 계획 · 평가 요소 및 개선방향 도출에 관한 연구, 서울대학교 석사학위 논문, 2006

http://crystalwaters.org

천 득 염

전남대학교 건축학부 교수로서 20여 년간 재직하면서 건축역사 분야를 강의하였을 뿐만 아니라 한국건축문화유산의 연구와 조사에 노력을 기울여 왔다. 또한 80여 편의 논문과 20여 권의 저술을 통하여 한국건축사연구에 많은 성과를 올렸다. 특히 불탑에 관한 다양한 연구논문을 비롯하여 '한국의 명원 소쇄원', '한국의 건축문화재', '남도전통주거론', '광주건축 100년' 등을 저술하였다. 근래에는 전통마을이 갖는 생태환경에 관심을 가지고 조사와 연구를 하고 있다.
그간 문화재위원, 아시아 문화중심도시 조성위원, 건설부 중앙건축위원 등으로 활동하여 왔다.

나 하 영

전남대학교 건축공학과 석사를 거쳐, 동 대학교 건축공학과 박사 과정에 있다.
논문으로는 한국전통주거에 나타난 가택신앙과 공간구성에 관한 연구, 생태마을의 계획요소 적용 현황 분석에 관한 연구, 영구임대 및 분양아파트 단지의 사회적 통합 실태조사 등이 있다.
현재는 친환경 도시재생에 관심을 가지고 국토해양부가 주관하는 '07첨단도시개발사업'(07도시재생B02)의 연구원으로 활동중임.

생태마을 Crystal Waters

2009년 1월 28일 1판 1쇄 인쇄
2009년 1월 31일 1판 1쇄 발행

저 자 천 득 염 나 하 영
발 행 인 강 해 작
발 행 처 기 문 당
주 소 서울시 성동구 공명길 39 (하왕십리동 966-22)
전 화 02) 2295-6171(대)~5
팩 스 02) 2296-8188
출판등록 1976. 10. 7 (1-44)
홈페이지 http : // 기문당
http : // www.kimoondang.com
I S B N 978-89-7086-968-1 93540
정 가 10,000원

〈 검인생략 〉